Experimentieren für alle!

Wenn du etwas Leckeres kochen möchtest, dann kannst du ein Kochrezept durchlesen und ein passendes Video im Internet suchen. Mit vielen Experimenten im Themenheft ist es ähnlich: Du kannst die Anleitungen auf den Materialseiten durchlesen und unsere **Versuchsvideos** dazu anschauen. So gelingt das Experimentieren garantiert!

Versuchsvideos für dich:
QR-Codes im Themenheft

Das Zeichen → [▣] bei einem Experiment zeigt an, dass hinter dem QR-Code ein Versuchsvideo „steckt".

pusadi

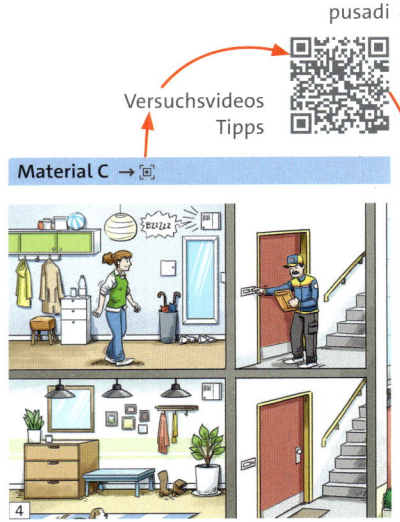

Versuchsvideos Tipps

Material C → [▣]

Scanne den Code mit dem Handy. Oder gib die sechs Buchstaben über dem Code auf dieser Webseite ein:
www.cornelsen.de/codes

Schaue das Video an. Danach gibt es interaktive Übungen. Löse sie – und checke deine Antworten selbst!

hirude

Im Film erfährst du, wie die Versuchsvideos über die QR-Codes im Themenheft genutzt werden.

Versuchsvideos und mehr für Lehrkräfte:
Links im Unterrichtsmanager Plus (UMA Plus)

Zu jedem Versuchsvideo gehört ein **Rundum-sorglos-Paket** für Lehrkräfte. So wird das Vorbereiten, Durchführen und Auswerten der Experimente optimal und zeitsparend unterstützt.

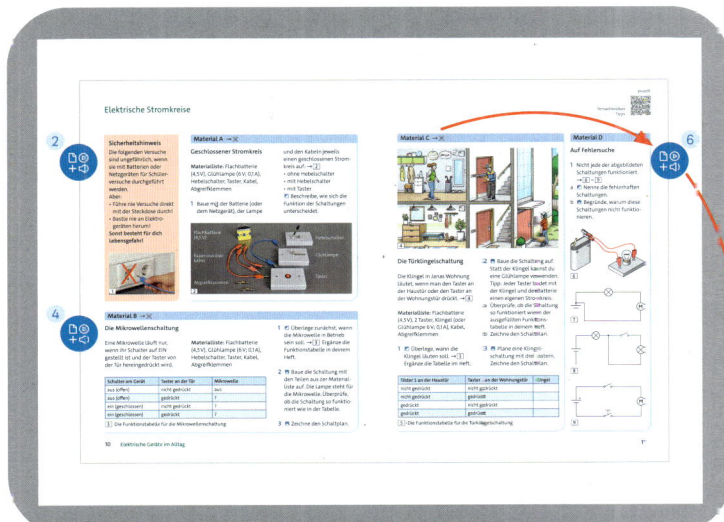

Über den Videolink zum Versuch erreichen die Lehrer und Lehrerinnen im UMA Plus folgende Inhalte:
- das **Versuchsvideo** (wie beim QR-Code)
- **interaktive Übungen** zum Selbstchecken (wie beim QR-Code)
- ein **Video vom Aufbau** des Experiments (bei komplexen Experimenten)
- eine **Materialliste**
- **Hinweise** zur Durchführung und Auswertung des Experiments
- eine **Messwertetabelle** (in ausgewählten Fällen)
- eine editierbares **Arbeitsblatt** mit Lösungen und gestuften Hilfen zum Download
- eine editierbare **Protokollvorlage** zum Download
- eine editierbare **Gefährdungsbeurteilung** zum Download
- weiterführende **Projektideen**

foxivo

Im Film erfahren Sie, wie die Versuchsvideos und ihr Beimaterial über die Links im UMA Plus genutzt werden.

NATUR UND TECHNIK
Optik
Experimentieren für alle
Hybrides Themenheft

Autoren: Dr. Jochim Lichtenberger, Franz Mangold, Sven Theis

Mit Beiträgen von: Volker Abegg, Siegfried Bresler, Christian Hörter, Reimund Krönert

Illustration: Laura Carleton, Rainer Götze, Matthias Pflügner

Redaktion: Thomas Gattermann, Stephan Möhrle

Umschlaggestaltung: agentur corngreen, Leipzig (Umsetzung), SOFAROBOTNIK GbR, Augsburg & München (Konzept)

Layoutkonzept: klein & halm Grafikdesign, Berlin; Typo Concept GmbH, Hannover

Technische Umsetzung: Reemers Publishing Services GmbH, Krefeld

Begleitmaterialien zum Lehrwerk
E-Book mit Medien   1100035913
Unterrichtsmanager Plus   1100035916

www.cornelsen.de

Dieses Werk enthält Vorschläge und Anleitungen für Untersuchungen und Experimente.
Vor jedem Experiment sind mögliche Gefahrenquellen zu besprechen.
Beim Experimentieren sind die Richtlinien zur Sicherheit im Unterricht einzuhalten.

1. Auflage, 1. Druck 2024

Alle Drucke dieser Auflage sind inhaltlich unverändert und können
im Unterricht nebeneinander verwendet werden.

Druck: Athesiadruck GmbH, Bozen

ISBN 978-3-06-011523-5

PEFC-zertifiziert
Dieses Produkt
stammt aus
nachhaltig
bewirtschafteten
Wäldern und
kontrollierten Quellen
PEFC/18-31-166   www.pefc.de

Inhaltsverzeichnis

Licht und Schatten 4

Wie wir sehen 24

Spiegel, Trugbilder, farbiges Licht 48

Anhang 74

Licht und Schatten

In der Disco zaubern Laser und Spiegel eine bunte Lightshow.

Schatten sind immer schwarz? Es geht auch farbig!

Es ist beeindruckend: Für ein paar Minuten wird die Sonne verdeckt, dann ist die Natur ganz still. Wie entsteht eine Sonnenfinsternis?

Sehen und gesehen werden

1 Licht im Dunkel

Materialien zur Erarbeitung: A–C

Das Erforschen von Höhlen und Bergwerken ist spannend und gefährlich. Man braucht dafür helle Lampen.

Licht aussenden und empfangen • Licht
5 ist nie von alleine da. Es kommt immer von einer Quelle: von einer Kerze, einer Lampe, der Sonne, den Sternen ... Diese Lichtquellen erzeugen Licht. →2 Licht wird ohne einen Stoff übertra-
10 gen. Eine Kamera braucht Licht. Auch Solarzellen, grüne Blätter von Bäumen und unsere Augen nehmen Licht auf. Sie alle sind Lichtempfänger.

> Lichtquellen senden Licht aus.
> Lichtempfänger fangen Licht auf.

Lichtquellen sehen • Du siehst die Flamme, wenn ihr Licht in deine Augen gelangt. →3 Die Flamme sendet Licht aus, die Augen empfangen es.
20 „Ich blicke zur Flamme" bedeutet: Meine Augen sind so gerichtet, dass Licht von der Flamme hineingelangt. Die Augen selbst senden kein Licht zur Flamme hin aus. Wenn Augen Licht-
25 quellen wären, müssten sie im Dunkeln von alleine leuchten. Aber das tun sie nicht – nicht einmal „Katzenaugen".

> Augen sind Lichtempfänger.
> Wir sehen Lichtquellen nur dann,
> wenn ihr Licht in unsere Augen
> gelangt.

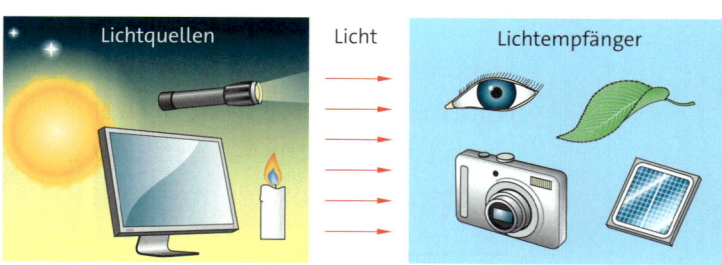

2 Lichtquellen und Lichtempfänger

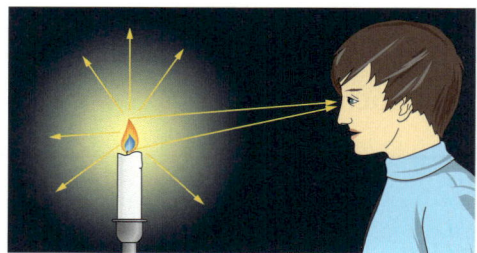

3 Die Lichtquelle sehen

guwiva

Lexikon
Tipps
Simulationen

die **Lichtquelle**
der **Lichtempfänger**
die **Streuung**
die **Absorption**
die **Reflexion**

Licht trifft auf Gegenstände • Leuchte im dunklen Raum mit der Taschenlampe auf eine weiße Wand. Dann

35 wird nicht nur die angestrahlte Stelle hell, sondern auch Dinge in der Nähe. Die helle Stelle verteilt Licht in alle Richtungen. Sie streut das Licht. → 4 Trifft weißes Licht auf rote Gegenstän-

40 de trifft, so ist das Streulicht rot. → 5 Schwarze Gegenstände nehmen das Licht auf. Sie absorbieren es. → 6 Spiegel lenken Licht in eine bestimmte Richtung. Sie reflektieren es. → 7

45 Glas lässt einen großen Teil des Lichts ungehindert durch. → 8

> Wenn Licht auf einen Gegenstand trifft, kann es gestreut, absorbiert, reflektiert oder durchgelassen werden.

Beleuchtete Gegenstände sehen • Das Buch ist keine Lichtquelle. Du siehst es trotzdem. Das Licht von der Sonne oder einer Lampe beleuchtet das Buch.

55 Das Buch streut das Licht. Ein Teil des Streulichts fällt in deine Augen. → 9

> Wir sehen beleuchtete Gegenstände, wenn das gestreute oder reflektierte Licht in unsere Augen fällt.

9 Das beleuchtete Buch sehen

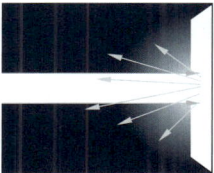

4 Streuung

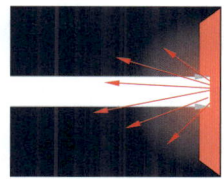

5 Streuung

6 Absorption

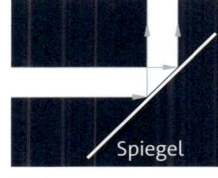

7 Reflexion

8 Durchlassen

Aufgaben

1 ☒ Ordne nach Lichtquelle und Lichtempfänger: Sonne, Bildschirm, Kamera (ohne Blitz), Solarzelle, Auge, Reflektor am Fahrrad.

2 ☒ Erkläre den Unterschied zwischen Lichtquellen und Lichtempfängern.

3 ☒ „Ohne die Streuung des Lichts könnten wir fast nichts sehen." Erkläre diese Aussage.

4 ☒ Der Vollmond erhellt die Nacht. Erkläre, wie das möglich ist.

5 ☒ „Du leuchtest mit dem Spiegel in meine Augen!" Der Spiegel ist keine Lichtquelle: Erkläre, was gemeint ist.

6 ☒ Beschreibe die Streuung, die Absorption und die Reflexion des Lichts an je einem Beispiel.

7

Sehen und gesehen werden

Material A

Leuchtet die Lampe?

Materialliste: Taschenlampe, schwarzer Karton, leere Blechdose (innen schwarz)

1 ▶ Im dunklen Raum wird das Licht der Taschenlampe in die geschwärzte Dose gerichtet. → ⬚1⬚
a Seht ihr von der Seite, ob die Lampe leuchtet? Beschreibt eure Beobachtung.
b Beschreibt, wie man von der Seite her sicher feststellen kann, ob die Lampe leuchtet.

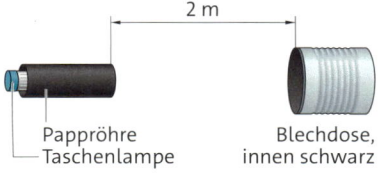

⬚1⬚ Von der Seite gesehen

Material B

Licht und Gegenstände

1 Bei dieser Tabelle fehlen die Überschriften noch. → ⬚2⬚
a ☒ Was haben alle Gegenstände in der linken Spalte gemeinsam, was alle in der rechten Spalte? Übertrage die Tabelle ins Heft und ergänze die Überschriften.
b ☒ Trage diese Gegenstände in die Tabelle ein: Display eines Tablets, Handykamera, Blitz, Glühwürmchen.
c ☒ In welche Spalte gehören das Auge und der Mond? Besprecht es miteinander.

?	?
Taschenlampe	Kamera
Kerze	Laubblatt
Sonne	Sonnenkollektor

⬚2⬚ Was haben sie gemeinsam?

Material C

Indirektes Licht

Materialliste: Taschenlampe, Karton (weiß, rot, schwarz ...), Transparentpapier, zerknitterte Alufolie, Spiegel

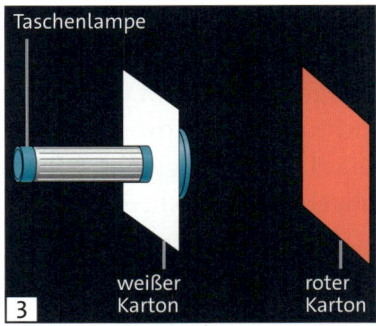

1 Schneidet ein Loch in den weißen Karton. Schiebt die Lampe hindurch. → ⬚3⬚ Geht in einen dunklen Raum.
a ▶ Schaltet die Lampe ein. Haltet den roten Karton in das Licht. Schaut von seiner Seite her auf den weißen Karton. Beschreibt, was ihr dort beobachtet.
b ☒ Haltet die Materialien nacheinander ins Licht. Notiert, was ihr auf dem Karton an der Lampe beobachtet.

2 ☒ Wie verläuft das Licht von der Lampe bis zum weißen Karton? Fertige eine Skizze an und zeichne den Lichtweg mit Pfeilen.

Material D

Schwarz und Weiß

1 ☒ Gesicht und Hände ohne Körper? Erkläre, wie dieser Eindruck entsteht. → ⬚4⬚

Erweitern und Vertiefen

Sichtbar im Straßenverkehr

Lichtquellen im Straßenverkehr • Motorräder
fahren am Tag mit Licht, alle neuen Autos
auch. Hier geht es nicht darum, die Straße
zu beleuchten, sondern gesehen zu werden.
5 Besonders auffällig sind Blinklichter: Das gelbe
Blinklicht eines Autos gibt an, wohin es abbie-
gen wird. Bei Blaulicht heißt es, schnell Platz
zu machen. → 5
Auch die Ampeln an Kreuzungen oder die
10 Blinklichter an Bahnschranken dienen nicht
der Beleuchtung, sondern der Information der
Verkehrsteilnehmer.

Nachts gesehen werden • Personen und Gegenstände auf der Straße müssen im Dunkeln gut
15 zu sehen sein. Wenn du nachts mit dem Fahrrad
oder zu Fuß unterwegs bist, solltest du deshalb
helle Kleidung tragen. → 6 Sie streut viel mehr
Licht als dunkle Kleidung. Leuchtstreifen und
„Katzenaugen" reflektieren das Licht der Schein-
20 werfer zurück zu den Autofahrerinnen und Auto-
fahrern. Diese können daher hell gekleidete
Personen mit Warnwesten schon von Weitem
erkennen und ihnen rechtzeitig ausweichen.

5 Blinkendes Blaulicht – schnell zur Seite fahren!

6 Warnwesten und Leuchtstreifen

Aufgaben

1 ☑ Blinkende Lichter fesseln die Aufmerk-
samkeit – nicht nur im Straßenverkehr.
Wo noch?
Beschreibe weitere Beispiele.

2 ☑ Welche Farbe sollte Kleidung haben,
wenn man bei Dunkelheit auf die Straße
geht?
Begründe deine Antwort.

3 ☒ „Das Rücklicht am Fahrrad schützt
dein Leben."
Erkläre diesen Satz.

4 ☒ In jedem Auto müssen für Gefahren-
situationen genügend Rettungswesten
mitgeführt werden.
Überprüfe im Versuch, ob diese Westen
tatsächlich gut zu erkennen sind.

Licht unterwegs

1 Wo hat sich die Sonne versteckt?

Materialien zur
Erarbeitung: A, C

Die Sonne wird von Wolken verdeckt. Trotzdem kann man ziemlich genau vermuten, wo sie am Himmel steht.

Licht wird sichtbar • Mit Nebel oder
5 Staub in der Luft sieht man, wie sich Licht ausbreitet. →2 3 Jedes beleuchtete Staubkörnchen oder Wassertröpfchen streut ein wenig Licht in alle Richtungen. Ein Teil des gestreu-
10 ten Lichts fällt in unsere Augen. Die im Licht aufleuchtenden Körnchen oder Tröpfchen sind zwar einzeln nicht zu erkennen. Sie machen aber zusammen den Weg des Lichts sichtbar.

Geradlinig • Unter dem „Lichtwürfel"
15 steht eine Glühlampe. Der Kreidestaub macht sichtbar, dass sich das Licht geradlinig ausbreitet.
Auch das Licht von der Sonne breitet
20 sich geradlinig aus. →1 Tröpfchen in der Luft machen die Lichtwege sichtbar.

Strahlenmodell • In Zeichnungen stellen wir den Weg des Lichts durch
25 gerade Linien dar. →4 Pfeilspitzen an den Linien zeigen die Ausbreitungsrichtung an. Die Linien mit den Pfeilspitzen werden als Strahlen bezeichnet. Man spricht vom Strahlenmodell des Lichts.

> Das Licht breitet sich von einer Lichtquelle geradlinig in alle möglichen Richtungen aus.

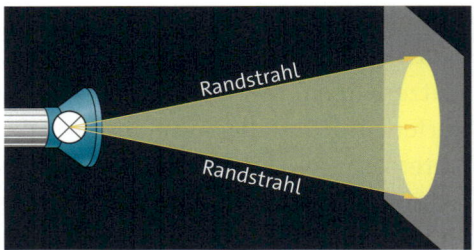

4 Gezeichnete Lichtwege

2 **3** „Lichtwürfel" – ohne und mit Nebel in der Luft

Aufgaben

1 ☑ Bei einer Taschenlampe sieht man den Lichtweg im Nebel gut. Erkläre diese Beobachtung.

2 ☑ Bestimme nur mit zwei Linealen, wo sich die Sonne versteckt. →1 Erkläre, wie du vorgehst.

jurote

Lexikon
Tipps
Erklärvideo

die **geradlinige**
Lichtausbreitung
das **Strahlenmodell**

Material A

Licht wird sichtbar

Materialliste: Kreidestaub oder Nebelmaschine, Karton aus Pappe, Glühlampe mit Lampenfassung, Anschlusskabel

1 Stecht viele Löcher in den Karton. Stülpt ihn über die Lampe. Schaltet die Lampe an.
   ☒ Beschreibt, was ihr seht.

2 Die Umgebung des Kartons wird „vernebelt".
a ☒ Beschreibt, was ihr jetzt seht.
b ☒ Schreibt auf, was der Versuch über die Ausbreitung des Lichts zeigt.

3 ☒ Vergleicht den Versuch mit Bild 1: Was entspricht der Lampe, was dem Karton und was dem Kreidestaub (Nebel)?

Material B

Blick durch den Schlauch

Materialliste: Schlauch (rund 50 cm lang), Teelicht, Feuerzeug

1 ☒ Blicke durch den Schlauch hindurch auf die Flamme. → 5 Beschreibe, wie es dir gelingt.

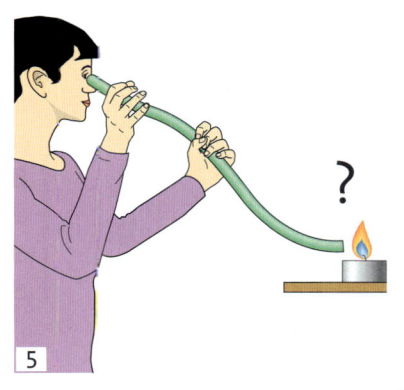

5

Material C

Laserstrahl und Schnur

Materialliste: Laserpointer, Schnur, Kreidestaub, Stativ

Die Lehrkraft baut den Laserpointer auf. → 6

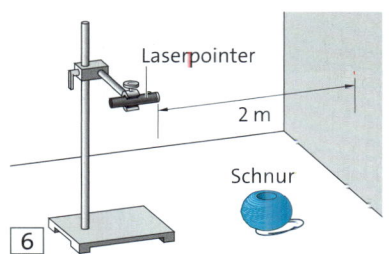

6

Achtung! • Mit dem Laserpointer nicht in Augen leuchten! Nicht hineinblicken!

1 Befestige die Schnur am Laserpointer. Spanne sie bis zum Lichtfleck an der Wand. Mache den Laserstrahl jetzt mit Kreidestaub sichtbar.
   ☒ Beschreibe deine Beobachtungen.

Material D

Lichtwege

1 Eine kleine Lampe sendet Licht in alle Richtungen aus. Ein Teil davon geht durch ein Blendenloch hindurch auf eine Pappe. → 7

☒ Zeichne das Bild groß ins Heft ab. Ergänze die Randstrahlen des Lichts, das vom Mittelpunkt der Lampe zur Pappe geht. Zeichne den ganzen Lichtfleck auf der Pappe ein.

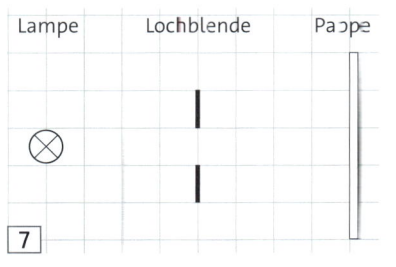

7

Schatten und Schattenbild

1 Schattenspiel

Material zur Erarbeitung: A

Die „Schattenmaus" ist riesig. Wie entsteht das dunkle Bild an der Wand?

Schatten • Wie entstehen Schatten? Wir erklären es so: → 2 Das Licht
5 breitet sich von der Kerze geradlinig in alle möglichen Richtungen aus. Ein Teil des Lichts geht an der Hand vorbei. Ein anderer Teil des Lichts wird von der Hand nicht durchgelassen. Hinter der
10 Hand entsteht ein dunkler Bereich ohne Licht – der Schatten.
Wenn man einen Schirm hinter die Hand hält, passiert Folgendes: → 3
• Der Schirm wird dort hell beleuchtet,
15 wohin das Licht der Kerze gelangt.
• Der Schirm bleibt dort dunkel, wo er sich im Schatten der Hand befindet.
Die dunkle Fläche auf dem Schirm hat den gleichen Umriss wie die Hand. Wir
20 bezeichnen sie deshalb als Schatten-bild der Hand.
Die Größe des Schattenbilds hängt von den Abständen zwischen der Kerze, der Hand und dem Schirm ab. → ▣

> Wenn ein beleuchteter Gegenstand Licht nicht durchlässt, entsteht hinter dem Gegenstand ein Schatten. Ein Schirm hinter dem Gegenstand wird dort dunkel, wo er sich im Schatten befindet. Es entsteht ein Schattenbild des Gegenstands.

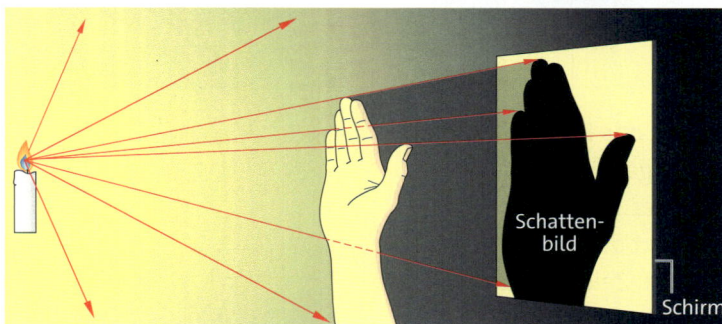

2 3 Schatten und Schattenbild

Aufgaben

1 ▸ Nenne drei Dinge, die für ein Schattenbild erforderlich sind.

2 ▸ Wenn wir von Schatten sprechen, meinen wir oft das Schattenbild. Erläutere die beiden Begriffe.

3 ▸ Im Schatten ist es dunkler als in der Sonne. Erkläre die Beobachtung.

nefodu

Lexikon
Tipps
Videos

der **Schatten**
das **Schattenbild**

Material A

Schattenbilder zeichnen

Materialliste: Lampe oder Kerze, große Papierblätter, Zeichenstifte

1 ⊠ Zeichnet gegenseitig eure Schattenbilder. → 4

2 Die Schattenbilder sollen nun ineinanderliegen. → 5 Wie müsst ihr die Licht-quelle oder die sitzende Person verschieben?

⊠ Beschreibt, wie ihr vorgeht und wie sich dabei das Schattenbild verändert. Skizziert eure Anordnung.

4

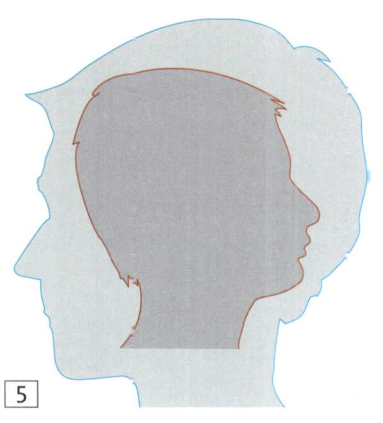

5

Material B

Schattenbild vorhersagen

Materialliste: Glühlampe mit Fassung, Brett, Schnur, Stativ

1 Baut den Versuch auf. → 6
a ⊠ Schaltet die Lampe noch nicht ein. Zeichnet mithilfe

der Schnur das Schattenbild des Bretts auf die Tafel.
b ⊠ Schaltet die Lampe jetzt ein. Habt ihr das Schatten-bild richtig vorgezeichnet? Begründet Unterschiede.

mehrere Meter

1–2 Meter

Glühlampe

Schnur

Brett

Wandtafel

6

Material C

Sonnenschirm

1 Sieh dir das Urlaubsfoto an. → 7 Beschreibe, wo sich
a ⊡ das Schattenbild des Sonnenschirms befindet.
b ⊠ der Schatten befindet.

7

Kernschatten und Halbschatten

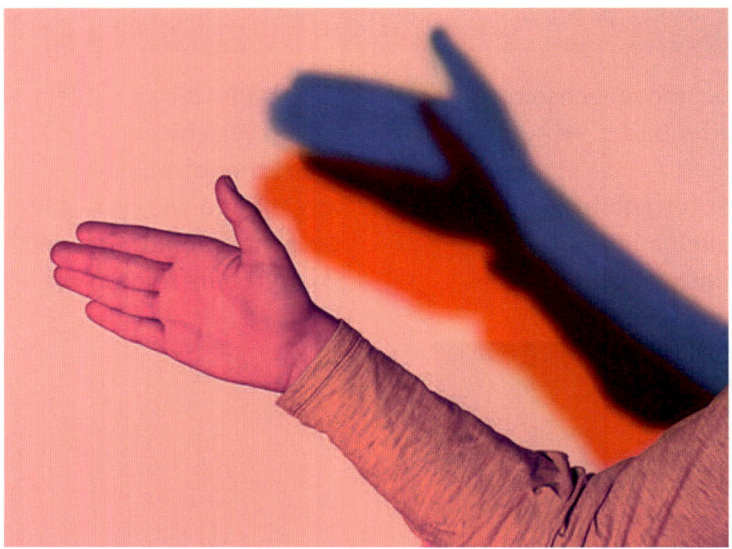

1 Bunte Schatten?

Materialien zur Erarbeitung: A–B

Zwei Lampen und eine Hand: Wie entstehen die bunten Schattenbilder?

Kernschatten – Halbschatten • Das Mädchen wird von zwei Lampen 5 beleuchtet. →2 An der Wand sieht man mehrere Schattenbilder des Kopfs. Der dunkle Bereich wird Kernschatten genannt. Die etwas helleren Bereiche heißen Halbschatten.

10 Du siehst auch bei den Schatten der Hand einen dunklen Kernschatten – und farbige Halbschatten: →1 3
- In den Kernschatten gelangt von keiner Lampe Licht.
- 15 In einen roten Halbschatten kommt nur Licht von der roten Lampe.
- In einen blauen Halbschatten kommt nur Licht von der blauen Lampe.

> Wenn ein Gegenstand von zwei Lichtquellen beleuchtet wird, können hinter ihm verschiedene Schatten auftreten:
> - Der Kernschatten ist der dunkle Bereich, in den gar kein Licht fällt.
> - Halbschatten sind die etwas helleren Bereiche, in die nur Licht von einer Lichtquelle fällt.

Aufgabe

1 ☑ Der Kernschatten des Mädchens ist dunkler als die beiden Halbschatten. →2 Erkläre den Unterschied.

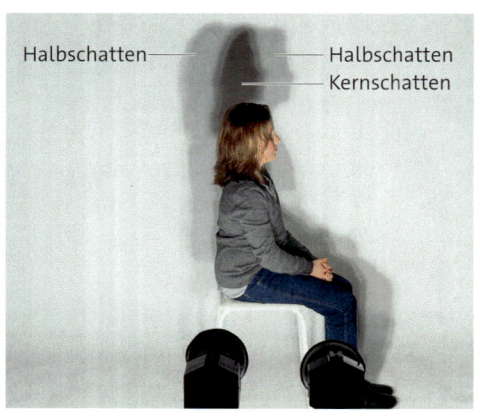

2 Kernschatten und Halbschatten

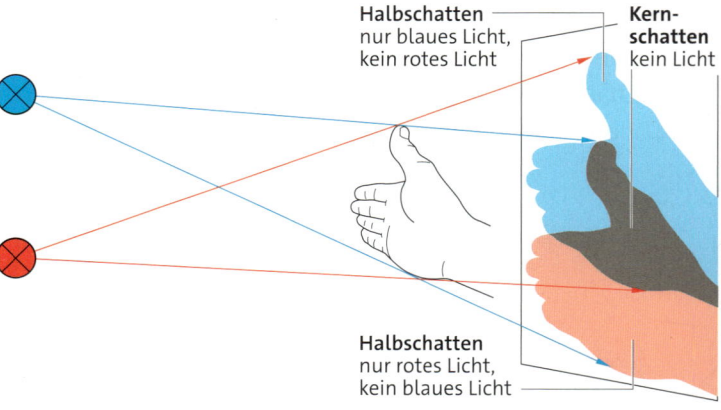

3 Erklärung für Kernschatten und Halbschatten

xigexi

Lexikon
Tipps
Versuchsvideo
Simulation

der **Kernschatten**
der **Halbschatten**

Material A

Verschiedene Schatten

Materialliste: 2 Kerzen und Kerzenständer, stehender Gegenstand, Feuerzeug

1 ▣ Stelle die Kerzen dicht nebeneinander vor den Gegenstand. → [4] Zünde sie an.
   Achtung! • Brandgefahr! Kerzen vor dem Kippen sichern!
a Beschreibe genau, was du auf dem Tisch hinter dem Gegenstand beobachtest.
b Skizziere im Heft die Kerzen, den Gegenstand und die Schattenbilder auf dem Tisch, wie du sie von oben siehst.
c Vergrößere den Abstand der Kerzen voneinander. Skizziere wieder.
d Verschiebe den Gegenstand und skizziere.

[4] Zwei Lichtquellen

Material B → ▣

Farbige Schatten erzeugen

Materialliste: 2 Klemmspots mit farbigen LEDs (zum Beispiel rot und blau), Stativmaterial

Baue die Lampen im Abstand von 60 cm übereinander auf. Schalte sie noch nicht ein. → [5]

1 ▣ Halte eine Hand nah vor die Wand. Vermute, was auf der Wand zu sehen sein wird, wenn die rote Lampe eingeschaltet wird. Welche Farbe wird der Schatten haben? Schalte die rote Lampe ein. Beschreibe, was du siehst. Vergleiche mit deiner Vermutung.

2 ▣ Diesmal soll nur die blaue Lampe eingeschaltet werden. Vermute und beobachte.

3 ▣ Schalte nun beide Lampen zusammen ein. Beschreibe, was du siehst.

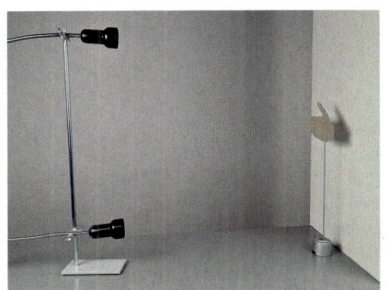

[5] Zwei farbige Lichtquellen

Material C

Zwei Schatten

1 ▣ Vergleiche die Schatten des Mädchens mit Bild 2. → [6] Erkläre den Unterschied.

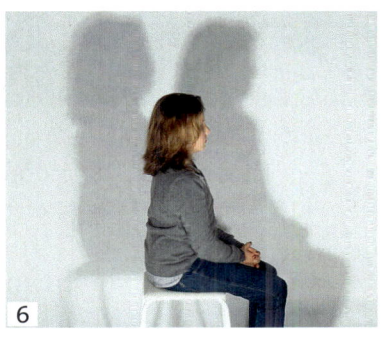

6

Material D

Farbige Schatten

1 ▣ Erkläre, wie die Schatten des Mädchens auf der Wand entstehen. → [7]

[7] Wie entstehen die Schatten?

15

Der Mond – Licht und Schatten

1 Halbmond

beleuchtete Hälfte vollständig sehen
10 können: Dann ist Vollmond.
Der Mond umkreist in rund 28 Tagen
einmal die Erde. Dabei ändert sich
unser Blickwinkel auf den beleuchteten Teil von Nacht zu Nacht. Wir
15 sprechen von Mondphasen.

> Der Mond wird von der Sonne stets
> zur Hälfte beleuchtet. Wir sehen
> aber unterschiedlich viel von der
> beleuchteten Hälfte des Monds –
> je nachdem, wie Mond, Sonne und
> Erde zueinander stehen.

**Der Mond wandelt seine Gestalt stän-
dig. Kreisrund ist er selten zu sehen.**

Wechselndes Aussehen • Der Mond
ist eine riesige Kugel. Er wird von der
5 Sonne beleuchtet. →[2] Dadurch ist
immer eine Hälfte des Monds hell und
eine dunkel. Sonne, Mond und Erde
stehen manchmal so, dass wir die

Aufgabe

1 „Der Mond ist immer zur Hälfte
beleuchtet."
a ⊠ Erkläre diese Aussage.
b ⊠ Erkläre, warum wir nachts nicht
immer einen Halbmond sehen.

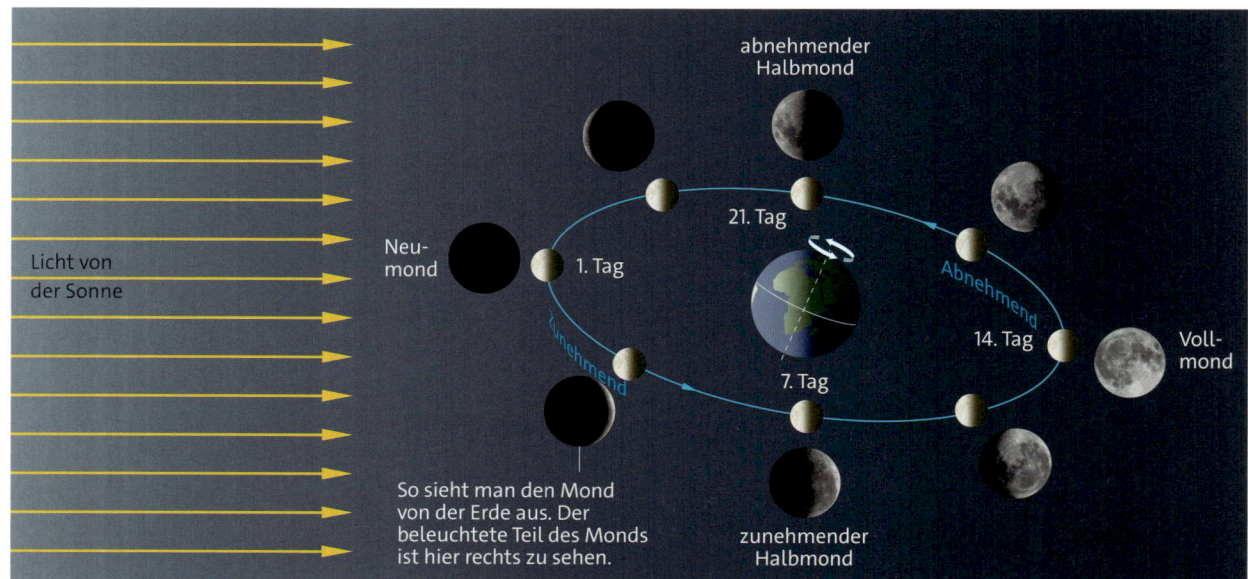

Licht von
der Sonne

Neu-
mond

1. Tag

7. Tag

zunehmend

So sieht man den Mond
von der Erde aus. Der
beleuchtete Teil des Monds
ist hier rechts zu sehen.

zunehmender
Halbmond

abnehmender
Halbmond

21. Tag

Abnehmend

14. Tag

Voll-
mond

2 Die kleinen Bilder zeigen, wie wir von der Erde aus den Mond in den verschiedenen Nächten sehen. →▣

mafawo

Lexikon
Tipps
Video
Simulation

der Vollmord
die Mondphasen
der Halbmond
der Neumond

Material A

Mondphasen im Foto

Hier sind die Mondphasen
durcheinandergeraten. → 3

1 ☒ Ordne in der Tabelle die
richtigen Fotos zu. → 4
Tipp:
) „Klammer **zu**" →
zunehmender Mond

2 ☒ Bringe alle Fotos in die
richtige Reihenfolge. Fange
mit dem Neumond an.
Tipp: Die Buchstaben
ergeben einen englischen
Begriff.

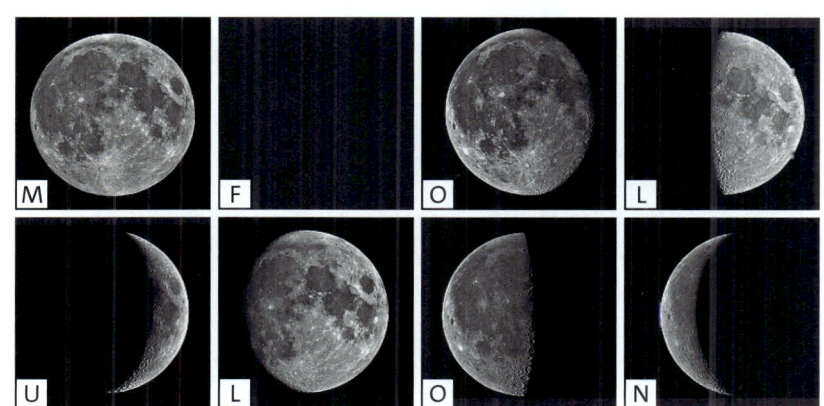

3 Durcheinandergebrachte Mondphasen

Mondphase	Neumond	Vollmond	zunehmend	abnehmend
Foto	?	?	?	?

4 Welches Foto gehört zu welcher Mondphase?

Material B

Mondphasen im Modell

Materialliste: kleiner weißer
Ball, Tageslichtprojektor

1 Stellt die Mondphasen
nach. → 5 Die Personen
„auf der Erde" schauen
immer zum „Mond".

a ☒ Der „Mond" läuft um
die „Erde". Er stoppt an den
Stellen A–D. Alle Personen
in der Mitte skizzieren, wie
sie den „Mond" sehen.

b ☒ Vergleicht eure Skizzen
mit Bild 2. Nennt die Mondphasen an den Stellen A–D.

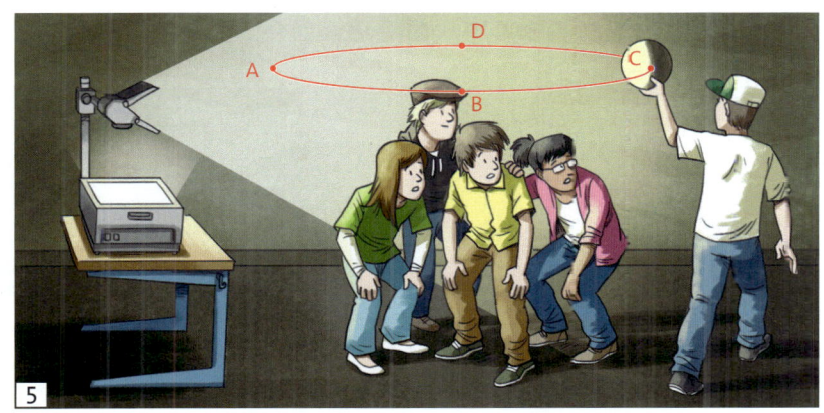

5

c ☒ Stellt den „Mond" so auf,
dass ihr eine zunehmende
Sichel seht. Gebt nun an,
zwischen welchen Stellen
A–D der „Mond" steht.

2 ☒ Wie viele Tage liegen
zwischen zwei Vollmond-
nächten an deinem Wohn-
ort? Ermittle es zum Bei-
spiel mit einer Mond-App.

Finsternisse am Himmel

[1] Mondfinsternis → ▣

[2] Sonnenfinsternis → ▣

Manchmal scheint sich etwas Schwarzes in den Mond oder in die Sonne „hineinzufressen". Wie kommt es dazu?

Mondfinsternis • Die Sonne bescheint
5 die Erde ständig. Hinter der Erde reicht der Erdschatten weit in den Weltraum hinein. → [3]
Der Mond umkreist die Erde auf einer etwas „gekippten" Bahn. Sie verläuft
10 hinter der Erde meistens oberhalb oder unterhalb des Schattens. Nur manchmal streift oder durchquert

der Mond den Schatten der Erde. Dann sieht man das Schattenbild der Erde
15 auf dem Mond. → [1]

Sonnenfinsternis • Der Schatten hinter dem Mond geht meistens an der Erde vorbei. Nur manchmal steht der Mond so, dass sein Schatten die Erde trifft.
20 → [4] Wer dann auf der Erde im Schatten des Monds steht, sieht die Sonne teilweise oder total vom Mond verdeckt. → [2]

> Bei einer Mondfinsternis wird der Mond verdunkelt, weil er durch den Schatten der Erde läuft.
> Bei einer Sonnenfinsternis wird die Sonne für uns vom Mond verdeckt. Sein Schatten fällt auf die Erde.

Aufgabe

1 ▸ Wer verdeckt wen? Beschreibe es für beide Finsternisse.

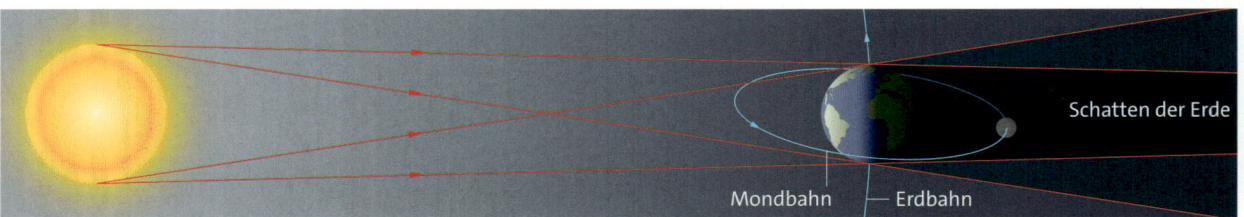

[3] Mondfinsternis

(Schatten der Erde, Mondbahn, Erdbahn)

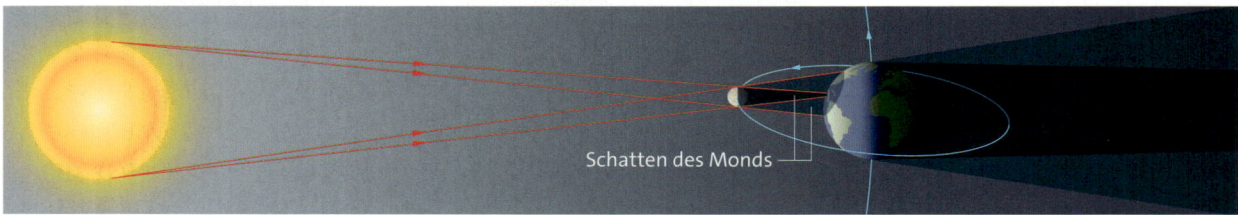

[4] Sonnenfinsternis

(Schatten des Monds)

kosuzo

Lexikon
Tipps
Versuchsvideos, Videos
Simulation

die **Mondfinsternis**
die **Sonnenfinsternis**

Material A

Sonnenfinsternis (Modell)

Materialliste: kugelförmige Lampe (ca. 12 cm Durchmesser, mattiert), Tennisball

1 Die leuchtende Lampe stellt die Sonne dar, der Ball den Mond, dein Kopf die Erde.

a ◧ Stehe 2 m von der Lampe entfernt. Halte den Ball so vor ein Auge, dass er die Lampe ganz verdeckt. Bewege den Kopf hin und her. Beschreibe, was du siehst.

b ⊠ Der Ball wirft einen Schatten auf dein Gesicht. Beschreibe, in welchem Teil des Schattens sich dein Auge befindet, wenn die Lampe vom Ball:
  • vollständig verdeckt wird.
  • teilweise verdeckt wird.

Material B → ▣

Finsternisse darstellen

Materialliste: Taschenlampe, Globus, Styroporball, dünner Spieß, Tonnenfuß

1 Die Taschenlampe stellt die Sonne dar, der Globus die Erde und der Ball den Mond.
  → [5]

a ⊠ Stelle eine Sonnenfinsternis dar. Zeichne die Anordnung auf.

b ⊠ Stelle eine Mondfinsternis dar. Zeichne wieder.

c ⊠ Bei einer totalen Mondfinsternis wird der ganze Mond abgedunkelt, bei einer totalen Sonnenfinsternis nur ein Teil der Erde. Erkläre den Unterschied.

d ⊠ Eine totale Sonnenfinsternis kann es nur bei Neumond geben, eine totale Mondfinsternis nur bei Vollmond. Erkläre beides.

[5] Modellversuch für Finsternisse

Material C

Finsternis

1 Die Fotos wurden bei derselben totalen Finsternis aufgenommen. → [6] [7]

a ◧ Gib an, um welche Art von Finsternis es sich handelt.

b ⊠ Beschreibe und erkläre, was auf den Fotos zu sehen ist.

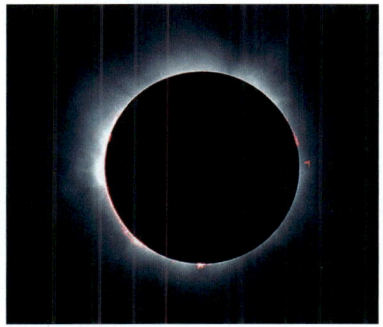

[6] Blick von der Erde zum Himmel

[7] Blick von einer Raumstation auf die Erde

Licht und Schatten

Zusammenfassung

Sehen und gesehen werden • Lichtquellen wie die Sonne, Flammen, Lampen und Monitore erzeugen Licht und senden es aus. → 1 Lichtempfänger fangen Licht auf.

Neben Kameras, grünen Blättern und Solarzellen gehören unsere Augen zu den Lichtempfängern. Wir sehen Lichtquellen nur, wenn ihr Licht in unsere Augen gelangt. → 2

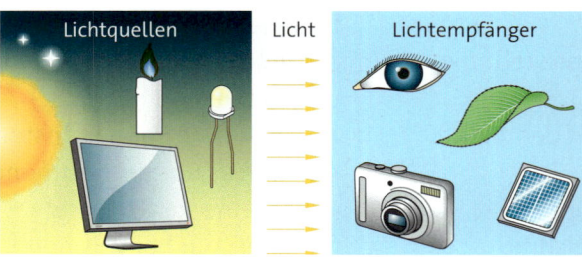

1 Lichtquellen und Lichtempfänger

2 Die leuchtende Kerzenflamme sehen

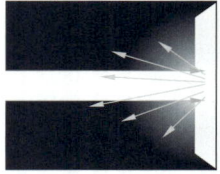

3 Streuung

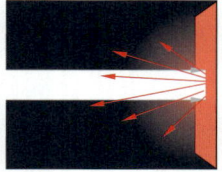

4 Streuung

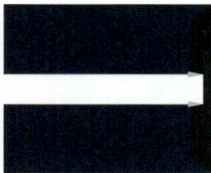

5 Absorption

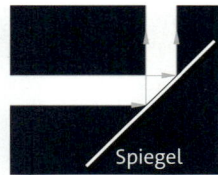

6 Reflexion

7 Durchlassen

Licht trifft auf Gegenstände • Wenn Licht auf Gegenstände trifft, dann kann es gestreut, absorbiert, reflektiert oder durchgelassen werden. → 3 – 7

Beleuchtete Gegenstände sehen • Wir sehen beleuchtete Gegenstände, wenn sie Licht in unsere Augen streuen oder reflektieren. → 8

8 Das beleuchtete Buch sehen

Licht unterwegs • Das Licht breitet sich von einer Lichtquelle geradlinig in alle möglichen Richtungen aus.

Strahlenmodell • Wir zeichnen den geraden Weg des Lichts durch gerade Linien (Strahlen). Pfeilspitzen zeigen die Ausbreitungsrichtung an. → 9

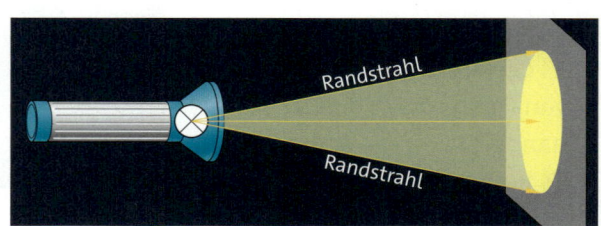

9 Lichtwege mit Strahlen darstellen

Schatten und Schattenbild • Wenn ein beleuchteter Gegenstand Licht nicht durchlässt, dann fehlt hinter ihm Licht. Der Gegenstand hat einen Schatten. → 10 Ein Schirm hinter dem Gegenstand ist dort dunkel, wo er sich im Schatten befindet. Wo Licht auf den Schirm fällt, wird er hell beleuchtet. Es entsteht ein Schattenbild des Gegenstands.

Kernschatten – Halbschatten • Wenn ein Gegenstand von zwei Lichtquellen beleuchtet wird, können verschiedene Schatten auftreten: → 11
- Der Kernschatten ist der Bereich hinter dem Gegenstand, in den kein Licht fällt.
- Halbschatten sind die Bereiche, in die nur Licht von einer Lichtquelle fällt.

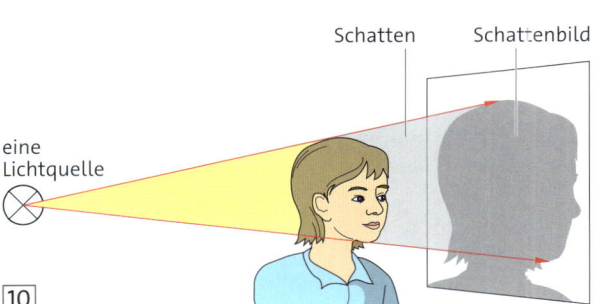

Schatten   Schattenbild

eine Lichtquelle

10

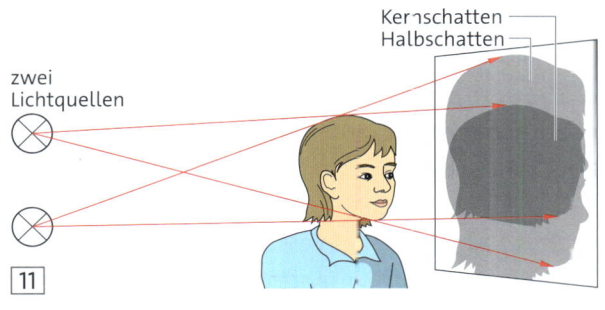

Kernschatten
Halbschatten

zwei Lichtquellen

11

Der Mond – Licht und Schatten • Der Mond wird von der Sonne ständig zur Hälfte beleuchtet. Er umkreist in rund 28 Tagen die Erde. Dadurch sehen wir unterschiedlich viel von der beleuchteten Hälfte – je nachdem, wie Mond, Sonne und Erde zueinander stehen. → 12

Finsternisse am Himmel • Der Mond wird von der Erde verdunkelt, wenn er den Schatten der Erde durchquert. → 13
Die Sonne wird für Beobachtende auf der Erde vom Mond verdeckt, wenn sie im Schattenraum des Monds sind. → 14

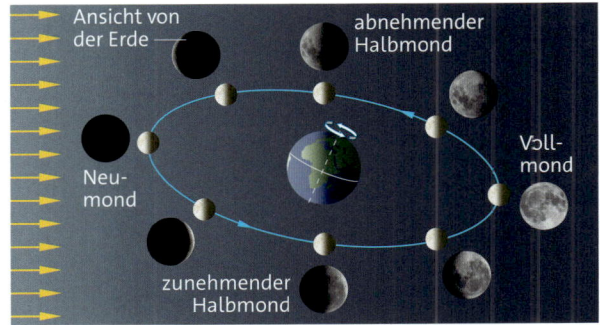

Ansicht von der Erde

abnehmender Halbmond

Voll-mond

Neu-mond

zunehmender Halbmond

12 Die Mondphasen

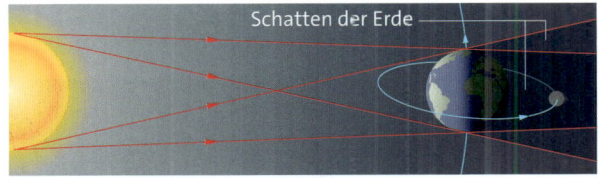

Schatten der Erde

13 Die Mondfinsternis

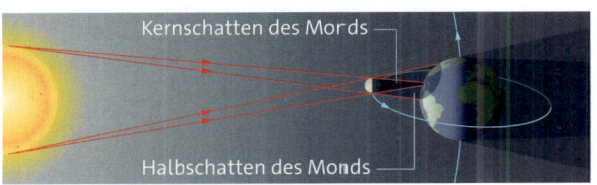

Kernschatten des Monds

Halbschatten des Monds

14 Die Sonnenfinsternis

Licht und Schatten

Teste dich!

Sehen und gesehen werden

1 ☒ Nenne fünf Lichtquellen und fünf Lichtempfänger aus dem Alltag.

2 ☒ In einer klaren Vollmondnacht kann man im Freien auch ohne Lampe in einem Buch lesen. Erkläre diese Beobachtung.
Tipp: Die Streuung spielt zweimal eine Rolle.

3 ☒ Schreibe mit diesen Begriffen einen Satz zur Verkehrssicherheit: Menschen zu Fuß – weiß – schwarz – Kleidung – Nacht.

4 ☒ Aljoscha: „Nebel verschlechtert die Sicht."
Christine: „... und manches macht er erst sichtbar."
Nimm Stellung dazu.

Licht unterwegs

5 Lasershow bei einem Konzert → ⬜1
a ☒ Das Foto zeigt eine Eigenschaft der Lichtausbreitung sehr deutlich. Nenne sie.
b ☒ Die Personen im Vordergrund sehen dunkel aus. Erkläre diese Beobachtung.

⬜1 Lasershow

6 ☒ Dieser Rauchmelder funktioniert so: → ⬜2
Die Leuchtdiode leuchtet ständig. Wenn ihr Licht auf den Lichtempfänger fällt, dann ertönt ein Warnsignal. Das ist aber nur der Fall, wenn Rauch in die schwarze Kammer gelangt. Erkläre dies.

Leucht-diode

Licht-empfänger

⬜2 Ein Rauchmelder (geöffnet)

Schatten und Schattenbild

7 Diana schreibt mit rechts.
a ☒ Beschreibe, wohin der Schatten ihrer Hand fällt, wenn die Lampe an den verschiedenen Orten steht. → ⬜3
b ☒ Welcher Lampenort ist für Diana günstiger? Begründe.

⬜3 Richtig beleuchten

8 ☒ Du hältst einen Stift zwischen eine Kerze und eine Wand. Skizziere, wie
a ein großes Schattenbild des Stifts entsteht.
b ein kleines Schattenbild des Stifts entsteht.

9 ☒ „Der Schatten der Pappe ist rundum größer als die Pappe selbst. Also ist der helle Fleck kleiner als das Loch." → 4 – „Der helle Fleck ist größer als das Loch. Im Schattenbild ist nämlich alles vergrößert."
Nimm Stellung dazu. Begründe mit einer Zeichnung.

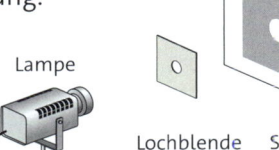

Lampe · Lochblende (Pappe) · Schirm

4 Schattenbild mit Loch

10 Tanja geht nachts an Straßenlaternen vorbei.
a ☒ Auf dem Gehweg ist ein Schattenbild Tanjas zu sehen. Erkläre, wie es entsteht.
b ☒ Wann ist das Schattenbild kurz, wann lang? Fertige als Antwort zwei Skizzen an.

Kernschatten und Halbschatten

11 Ein Bauklotz, verschiedene Schatten → 5
a ☒ Benenne die Schatten.
b ☒ Erkläre sie.

5 Verschiedene Schatten

6 Farbige Schatten

12 ☒ Erkläre, wie das Bild zustande kam. → 6 Gib dabei an, wie viele Lampen und welche Farben eingesetzt wurden.

Der Mond – Licht und Schatten

13 ☒ Zeichne die acht Mondphasen in richtiger Reihenfolge. Beginne beim Neumond.

14 ☒ Wie entstehen Vollmond, zunehmender und abnehmender Halbmond? Zeige es mit einer Taschenlampe und einem Tischtennisball.

Finsternisse am Himmel

15 ☒ Bei einer totalen Mondfinsternis liegen Sonne, Erde und Mond auf einer Geraden – wie bei einer totalen Sonnenfinsternis. Es gibt aber einen Unterschied in der Anordnung der Himmelskörper! Beschreibe ihn. Fertige dazu zwei Skizzen vor den verschiedenen Finsternissen an.

Wie wir sehen

Unser wichtigstes Sinnesorgan liefert uns scharfe Bilder der Umgebung. Wie funktioniert das Auge?

Ein komisches Bild – warum ist das Gesicht an der Rückseite der Glaskugel zu sehen und wieso steht es auf dem Kopf?

Zum Sehen braucht man mehr als seine Augen. Der Seheindruck entsteht erst im Gehirn. Bei diesem Bild spielt es uns einen Streich.

Löcher machen Bilder

1 **2** Das Foto aus der Mülltonne

Material zur
Erarbeitung: A

3 Das umgekehrte Bild der Flamme

Die Häuser sind mit einer besonderen Kamera fotografiert worden – einer Mülltonne mit einem Loch in der Seite!

Das Bild hinter dem Loch • Wenn man
5 eine brennende Kerze vor eine Wand stellt, wird die Wand beleuchtet. Hält man eine Postkarte dazwischen, dann sieht man ihren Schatten auf der Wand. Und wenn die Karte ein kleines
10 Loch hat, sieht man auf der Wand – ein umgekehrtes Bild der Flamme! → **3**

So entsteht das Bild • Die Flamme sendet Licht geradlinig in alle Richtungen aus. Ein Teil des Lichts geht durch das
15 Loch hindurch: → **4** – **6**
• Licht von der Flammenspitze geht durch das Loch und erzeugt unten auf der Wand einen Lichtfleck. → **3**
• Licht vom Fuß der Flamme geht durch
20 das Loch und erzeugt oben auf der Wand einen Lichtfleck. → **4**
• Auch von den anderen Punkten der Flamme geht Licht durch das Loch und ergibt jeweils einen „zugehörigen"
25 gen" Lichtfleck auf der Wand. → **5**

Von jedem Punkt der Flamme geht Licht durch das Loch in der Blende. Auf einer Wand hinter dem Loch entsteht zu jedem Punkt der Flamme ein kleiner Lichtfleck. Alle Lichtflecke zusammen ergeben das Bild der Flamme.

Schärfe und Helligkeit der Bilder • Die Größe des Lochs bestimmt, wie scharf
35 und hell die Bilder sind:
• Das Bild der Flamme besteht aus sehr vielen Lichtflecken. Beim großen Loch sind die Lichtflecke groß. → **7** Weil sich benachbarte Lichtflecke
40 überlappen, ist das Bild unscharf.
• Beim kleinen Loch sind die Lichtflecke klein. → **8** Weil sich benachbarte Lichtflecke kaum überlappen, ist das Bild scharf.
45 • Das kleine Loch lässt viel weniger Licht durch als das große Loch.

Große Löcher erzeugen unscharfe und helle Bilder. Kleine Löcher erzeugen scharfe und dunkle Bilder.

Aufgaben

1 ⬛ Beschreibe den Lichtweg von der Flammenspitze zum Lichtfleck. → **4**

2 ⬛ Erkläre, warum das Bild der Flamme auf dem Kopf steht. → **3**

3 ⬛ Fertige eine Skizze der Mülltonne an. → **2** Trage in die Skizze ein, wo sich das Loch befindet und wo das Bild entsteht.

damaxi

Lexikon
Tipps
Erklärvideo
Simulation

die **Bildentstehung**
der **Lichtfleck**

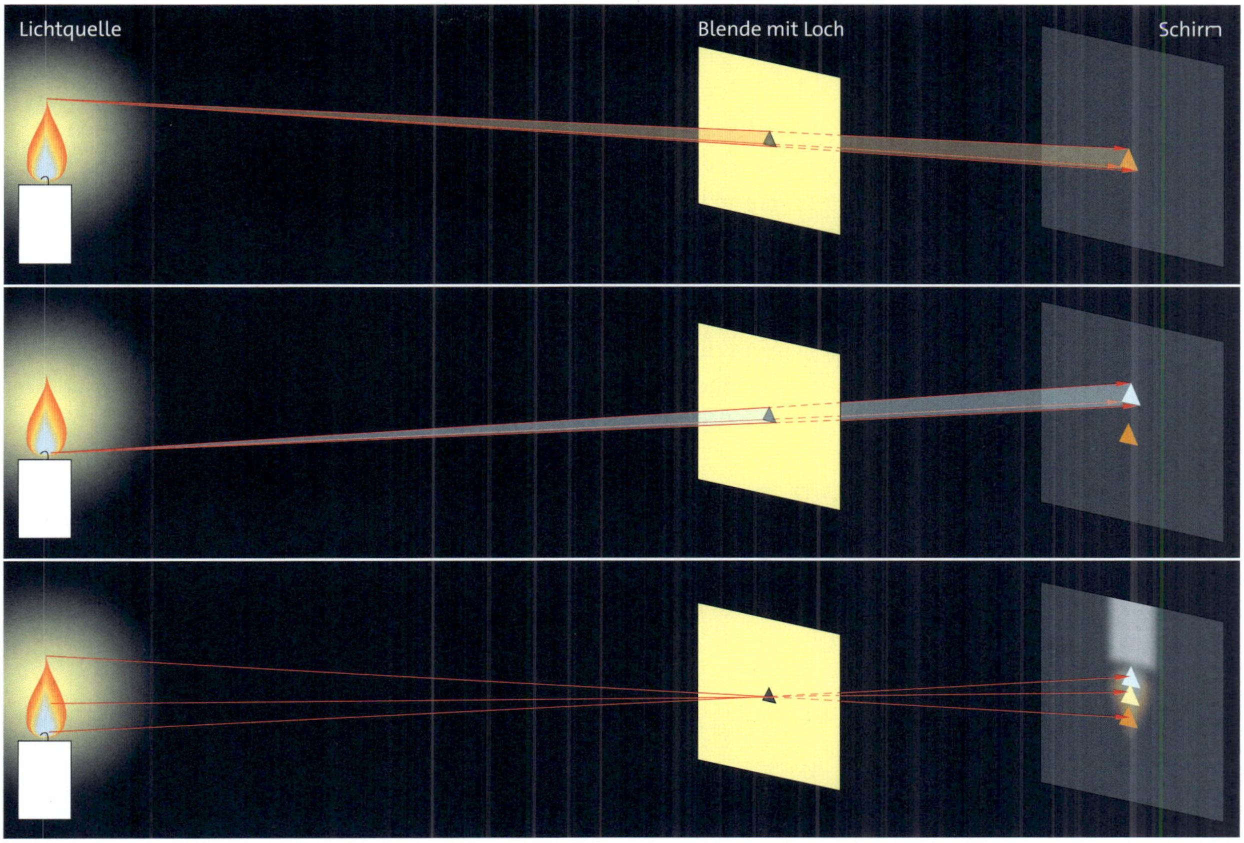

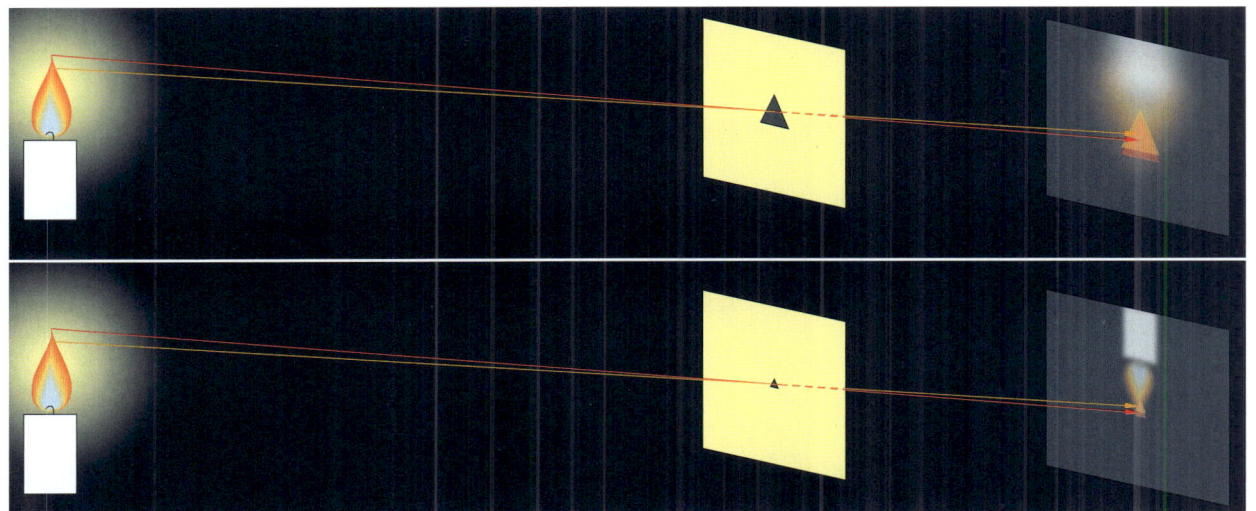

Lichtquelle	Blende mit Loch	Schirm

4 – 6 Schritt für Schritt zum Bild der Kerzenflamme

7 8 Großes Loch: Bild unscharf und hell – kleines Loch: Bild scharf und dunkel

Löcher machen Bilder

Material A → ▣

Ein Loch macht Bilder

Materialliste: Smartphone mit weißem „F" auf dem Display, weiße Pappe, schwarze Pappe, Alufolie, Klebestreifen, 1-Cent-Münze, Bleistift, Nagelschere

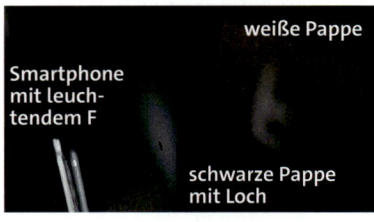

1 Wie entsteht das „Ⅎ"?

1 ⊠ Schneide ein Loch in die schwarze Pappe, etwa so groß wie die Münze. Gehe in einen dunklen Raum. Halte die Pappe zwischen das Smartphone mit dem leuchtenden „F" und die weiße Pappe. → 1 Beschreibe, was du auf der weißen Pappe siehst.

2 ⊠ Klebe das Loch mit Alufolie zu. Stich mit dem Stift ein kleines Loch in die Folie. Halte die schwarze Pappe zwischen Smartphone und weiße Pappe. Vergleiche die Bilder hinter den verschieden großen Löchern.

3 Halte die weiße Pappe dicht hinter die schwarze Pappe. Schiebe die weiße Pappe dann langsam näher heran und auch weiter weg. ⊠ Wie verändert sich das Bild? Ergänze im Heft: Je weiter ich die weiße Pappe vom Loch entferne, desto ⟨?⟩.

Material B

Scharf oder hell

1 Ein Loch erzeugt dieses Bild der Flamme. → 2
a ⊠ Das Loch wird einmal vergrößert und einmal verkleinert. Beschreibe jeweils, wie sich das Bild der Flamme verändert.
b ⊠ Erkläre die Veränderungen.

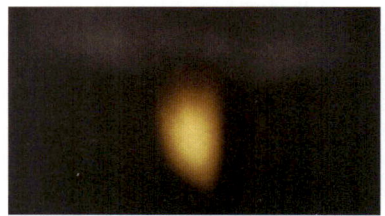

2 Bild der Flamme

Material C

Wie sieht der Nautilus?

1 Der Nautilus lebt im Pazifik. → 3 Sein Auge besteht aus einer Kammer voll Wasser, die vorne ein Loch hat. Erstaunlicherweise entstehen auf der Rückseite des Auges Bilder von der Umgebung. ⊠ Erkläre, wie das Bild des Wals im Auge des Nautilus entsteht.

3 Das Auge des Nautilus

Material D

Eine Lochkamera

Materialliste: röhrenförmige Chipsdose, 2 Bogen schwarzer Karton (jeweils 25 cm × 25 cm), Alufolie (2 cm × 5 cm), Transparentpapier (15 cm × 15 cm), Küchenschere, Klebstoff, Klebeband, Lineal, Pinnwandnadel, Kerze

Achtung! • Brandgefahr!

A Stich mit der Nadel ein kleines Loch mitten in den Boden der Chipsdose. Vergrößere das Loch von außen mit der Schere auf einen Durchmesser von rund 1 cm.

B Rolle den ersten schwarzen Kartonbogen zu einer Röhre. Schiebe sie in die Dose.

C Bestreiche den Rand der Chipsdosenöffnung mit Klebstoff. Klebe das Transparentpapier möglichst glatt über die Öffnung. Schneide die überstehenden Ecken ab.

D Rolle den zweiten schwarzen Kartonbogen zu einem Trichter. Die kleine Öffnung des Trichters muss gerade so groß sein, dass du mit einem Auge hindurchschauen kannst. In die große Öffnung muss die Chipsdose hineinpassen. Klebe mehrere Streifen Klebeband von außen auf den Trichter, sodass er sich nicht aufrollt.

E Stecke die Chipsdose mit der Transparentpapieröffnung in den Trichter.

5 So wird die Lochkamera gebaut.

1 Baue deine eigene Lochkamera. → [4] [5]

[4] Lochkamera im Einsatz

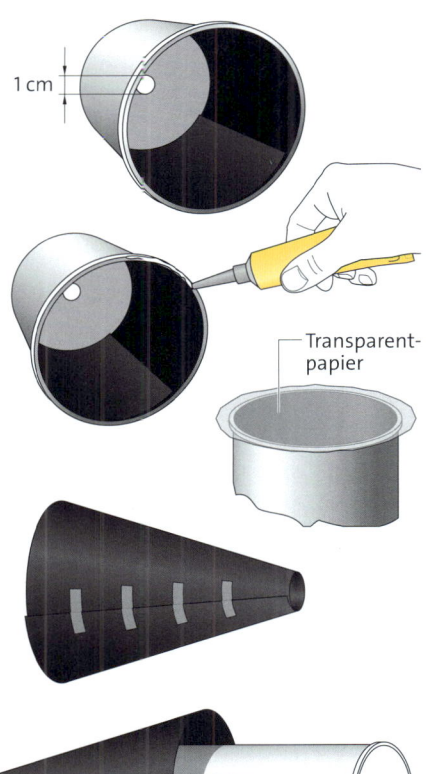

1 cm

Transparentpapier

2 Betrachte eine Kerzenflamme mit der Lochkamera.

a Gehe mit der Lochkamera nah an die Flamme heran.
⊠ Beschreibe Form und Größe des Bilds auf dem Transparentpapier.

b Entferne die Lochkamera langsam von der Flamme.
⊠ Beschreibe, wie sich das Bild ändert.

c Schiebe die Kerze nach links rechts und nach oben.
⊠ Beschreibe, wie sich das Bild verschiebt.

d ⊠ Fasse die Beobachtungen in zwei Sätzen zusammen.

3 Beobachte draußen im Sonnenschein Bäume, Autos und Menschen. → [4]
⊠ Beschreibe deine Beobachtungen.

4 ⊠ Untersuche, wie sich das Bild verändert, wenn das Loch im Boden der Dose kleiner ist. Klebe dazu die Alufolie mit dem Klebeband über das Loch. Stich dann ein kleines Loch durch die Folie.

5 ⊠ Untersucht, wie sich die Bilder bei verschieden langen Chipsdosen unterscheiden. Dazu könnt ihr die Dosen mit der Schere einstechen und abschneiden.

Sammellinsen machen scharfe Bilder

1 Lochkamera

2 Linsenkamera

Objektiv

Materialien zur
Erarbeitung: A–C

Die Lochkamera macht ein unscharfes Bild. Mit der Linsenkamera wird das Bild gestochen scharf – obwohl sie ein viel größeres Loch hat!

5 **Lochkamera – Bildflecke** • Die Lochkamera macht ein unscharfes Bild, weil sie jeden Punkt des Gegenstands als großen Lichtfleck abbildet. →⟨3⟩

Linsenkamera – Bildpunkte • Im Objek-
10 tiv der Linsenkamera ist eine Sammel-

linse aus Glas. Die Linse ist in der Mitte dicker als am Rand. →⟨4⟩ Sammellinsen erzeugen scharfe und helle Bilder: →⟨5⟩

15 Das Licht von einem Punkt des Gegenstands geht nicht geradlinig durch die Sammellinse. Die Linse „knickt" das Licht so, dass es hinterher wieder zusammenläuft. Es entsteht ein heller
20 Bildpunkt. Alle Bildpunkte zusammen ergeben das helle und scharfe Bild des Gegenstands.

Blende mit Loch   Schirm

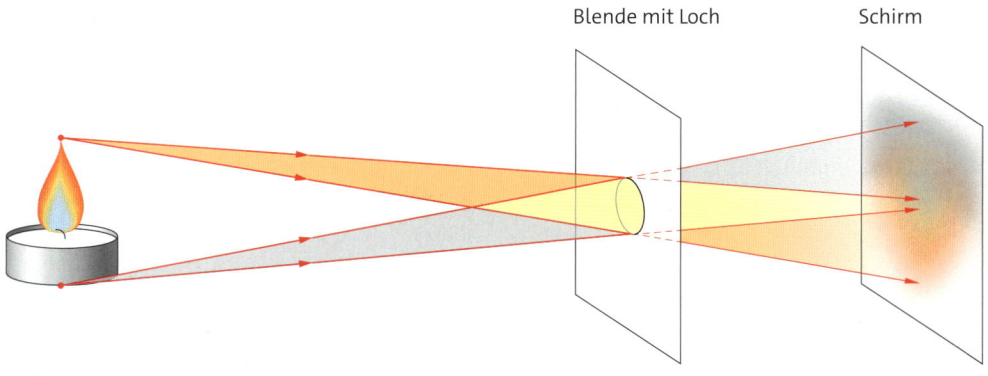

3 Das große Loch erzeugt ein helles, unscharfes Bild.

mucupi

Lexikon
Tipps
Erklärvideo
Simulationen

cie **Sammellinse**
cie **Bildweite**
cie **Gegenstandsweite**
cie **Brennweite**

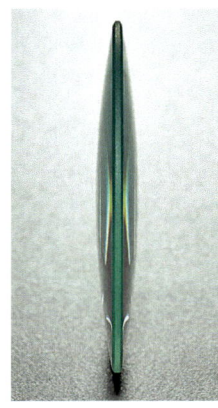

Blende mit Sammellinse

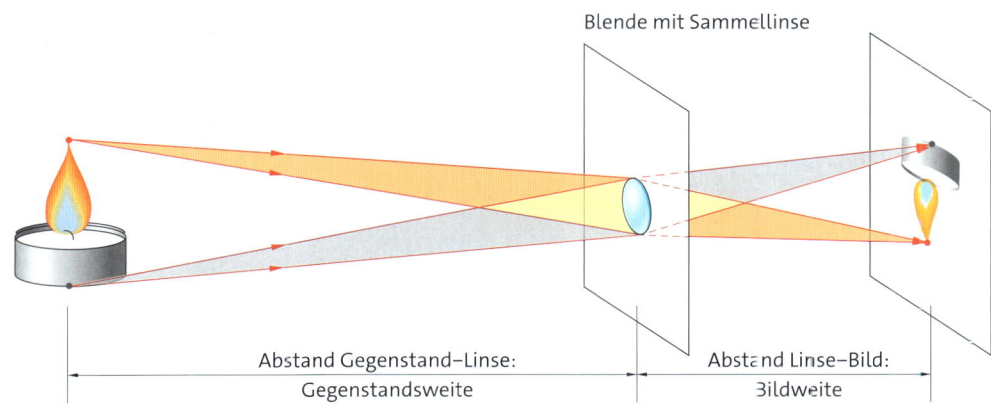

Abstand Gegenstand–Linse:
Gegenstandsweite

Abstand Linse–Bild:
Bildweite

4 Sammellinse   **5** Die Sammellinse erzeugt ein helles, scharfes Bild.

> Die Sammellinse erzeugt helle und scharfe Bilder. Sie bildet jeden Punkt des Gegenstands als Bildpunkt ab.

Richtiger Abstand • Wenn man den Schirm von der Sammellinse entfernt, ist das Bild erst unscharf. Dann wird es an einer Stelle scharf. Danach wird es
30 erneut unscharf, weil das Licht wieder auseinanderläuft. → 6

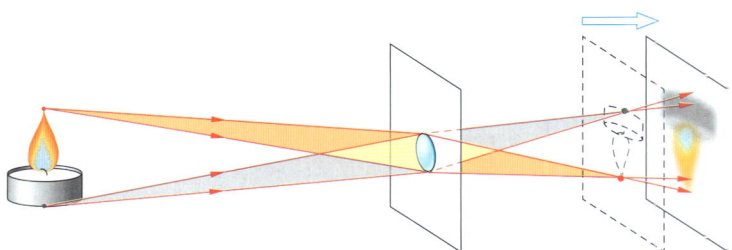

6 Der Schirm wird verschoben: Das Bild wird wieder unscharf.

> Das Bild ist nur in einem einzigen Abstand zur Sammellinse scharf. Dieser Abstand heißt Bildweite.

35 **Brennweite** • Das „Brennglas" ist eine stark gewölbte Sammellinse. → 7 Sie „knickt" das Licht besonders stark und erzeugt ein kleines, sehr helles Sonnenbild dicht hinter der Linse. → 8

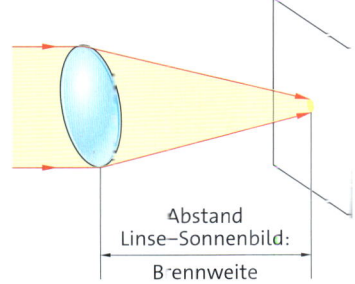

Abstand
Linse–Sonnenbild:
Brennweite

7 Ein „Brennglas" in Aktion   **8** Die Brennweite

> Der Abstand zwischen der Sammellinse und ihrem scharfen Sonnenbild heißt Brennweite. Je stärker die Sammellinse gewölbt ist, desto kleiner ist ihre Brennweite (und desto kleiner ist das Sonnenbild).

Aufgaben

1 ☑ Ergänze: Licht geht nicht geradlinig durch die Linse, sondern ◇.

2 ☒ Erkläre, wie eine Sammellinse scharfe und helle Bilder erzeugt.

Sammellinsen machen scharfe Bilder

Material A → ▣

Bilder erzeugen – mit einer Lupe

Materialliste: Smartphone mit weißem „F" auf dem Display, weiße Pappe, Lupe

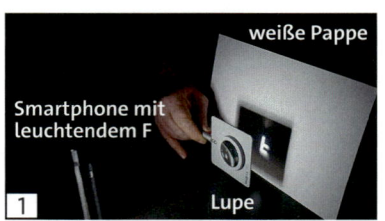

1 ⊠ Erzeuge mit der Lupe und der Pappe ein scharfes Bild des „F". →① Bewege dann die Pappe langsam einmal weiter von der Lupe weg, einmal näher heran. Beschreibe, was du jeweils auf der Pappe beobachtest.

Material B

„Lichtknicker"

Materialliste: Taschenlampe, Lupe, Staub oder Nebel

1 Geht in einen dunklen Raum. Richtet die leuchtende Taschenlampe auf die Lupe. Macht den Lichtweg sichtbar.
  ⊠ Beschreibt den Lichtweg.

Material C

„Brenngläser"

Materialliste: unterschiedlich dicke Sammellinsen, Zeitungspapier, feuerfeste Unterlage

Achtung! • Brandgefahr! Löschmittel bereithalten!

1 Lege an einem sonnigen Tag das Papier im Freien auf eine feuerfeste Unterlage. Entzünde es mithilfe einer Linse.
a ⊠ Beschreibe, wie du vorgehst und was du beobachtest.
b ⊠ Untersuche, welche Linse den kleinsten Lichtfleck erzeugt. Vergleiche diese Linse mit den anderen Linsen.
c ⊠ Was sammelt eine Sammellinse? Beschreibe es anhand der Beobachtungen.

Material D

Licht und Schatten

1 ⊠ Auf dem Papier sieht man einen hellen Fleck und den Schatten der Lupe. →② Erkläre, wieso die durchsichtige Sammellinse einen Schatten hat.

Material E

Brennweite

1 Die beiden Sammellinsen erzeugen Bilder auf der Wand. →③
a ⊠ Beschreibe und vergleiche die Bilder genau.
b ⊠ Welche Linse hat die kleinere Brennweite? Begründe deine Antwort.

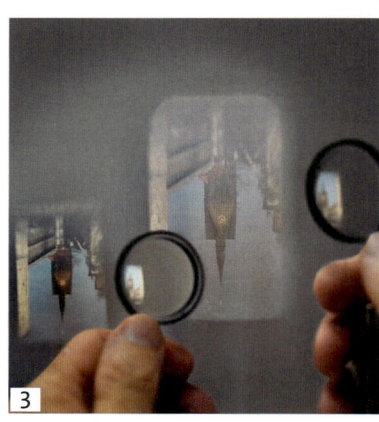

Material F → ▣

Wo entsteht das Bild?

Materialliste: Sammellinsen S_1 ($f = 100\,mm$), S_2 ($f = 50\,mm$), S_3 ($f = 200\,mm$); Smartphone mit weißem „F" auf dem Display, Halterung, weiße Pappe mit Schirmhalterung, 2 Schienen (50 cm), 2 Reiter

1 ▣ Welchen Einfluss hat die Gegenstandsweite auf die Bildweite?
a Stellt das Smartphone am Beginn einer Schiene auf. Setzt die Linse S_1 mit einem Reiter in 15 cm Abstand auf die Schiene. Platziert die weiße Pappe als Schirm hinter der Linse. → 4
b Verschiebt den Schirm, sodass das „F" auf dem Schirm scharf ist. → 4 Messt die Gegenstandsweite und die Bildweite. Notiert die Messwerte in der Tabelle.
c Wiederholt die Messungen bei Gegenstandsweiten von 25 cm und 35 cm. Notiert die Messwerte in der Tabelle.
d Beantwortet die Einstiegsfrage: „Je größer die Gegenstandsweite ist, desto ◈ ist die Bildweite."

2 ▣ Welchen Einfluss hat d e Wölbung der Sammellinse auf die Bildweite?
a Fühlt mit den Fingern, wie die drei Sammellinser gewölbt sind. Ergänzt: „Je größer die Brennweite ist, desto ◈ ist die Sammellinse gewölbt."
b Stellt das Smartphone am Beginn einer Schiene auf. Setzt die stark gewölbte Linse S_2 mit einem Reiter in 30 cm Abstand auf die Schiene. Stellt die weiße Pappe als Schirm dahinter auf die Schiene. Verschiebt den Schirm, sodass das „F" auf ihm scharf zu sehen ist. Messt die Gegenstandsweite und die Bildweite. Notiert die Messwerte in einer neuen Tabelle. → 5
c Ersetzt S_2 erst durch die mittel gewölbte Linse S_1 und dann durch die schwach gewölbte Linse S_3. Lasst dabei die Gegenstandsweite von 30 cm unverändert! Findet jeweils das scharfe Bild. Messt und notiert die Bildweiten. Tipp: Bei S_3 braucht ihr zwei Schienen.
d Beantwortet die Einstiegsfrage: „Je größer die Brennweite ist, desto ◈ ist die Bildweite (bei gleicher Gegenstandsweite)."

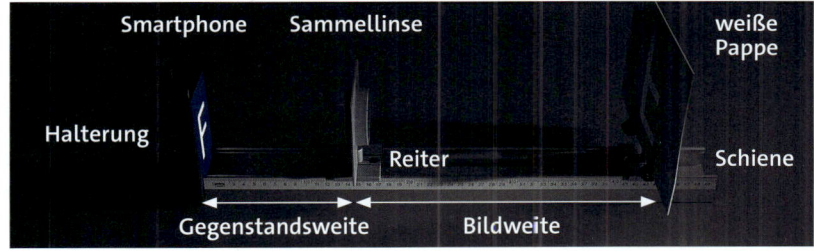

Sammellinse	Brennweite	Gegenstandsweite	Bildweite
S_1	100 mm	15 cm	?
S_1	100 mm	25 cm	?
S_1	100 mm	35 cm	?

4 Versuch 1: Bildweite bei verschiedenen Gegenstandsweiten

Sammellinse	Brennweite	Gegenstandsweite	Bildweite
S_2	50 mm	30 cm	?
S_1	100 mm	30 cm	?
S_3	200 mm	30 cm	?

5 Versuch 2: Bildweite bei verschiedenen Brennweiten

Vergrößern und verkleinern

1 Eine Sammellinse – verschieden große Bilder

Gegenstände können verkleinert und vergrößert abgebildet werden – mit derselben Sammellinse!

Verkleinern – vergrößern • Die Sammel-
5 linse erzeugt von einer fernen Kerze ein stark verkleinertes Bild (fast) in der Brennweite. → 2
Wenn man die Kerze immer näher an die Linse heranrückt, dann ändert sich
10 das Bild:

- Das verkleinerte Bild rückt weiter von der Linse weg und wird größer. → 3
- Das Bild wird größer als die Kerze, wenn die Kerze näher als die dop-
15 pelte Brennweite herankommt. → 4
- Es entsteht kein Bild mehr, wenn die Kerze näher als die Brennweite an die Linse heranrückt. → 5

> Sammellinsen bilden ferne Gegenstände stark verkleinert in der Brennweite ab. Die Brennweite ist die kleinste Bildweite.
> Je näher ein ferner Gegenstand an die Linse rückt, desto weiter rückt sein Bild von der Linse weg und desto größer wird das Bild.

Material zur
Erarbeitung: A

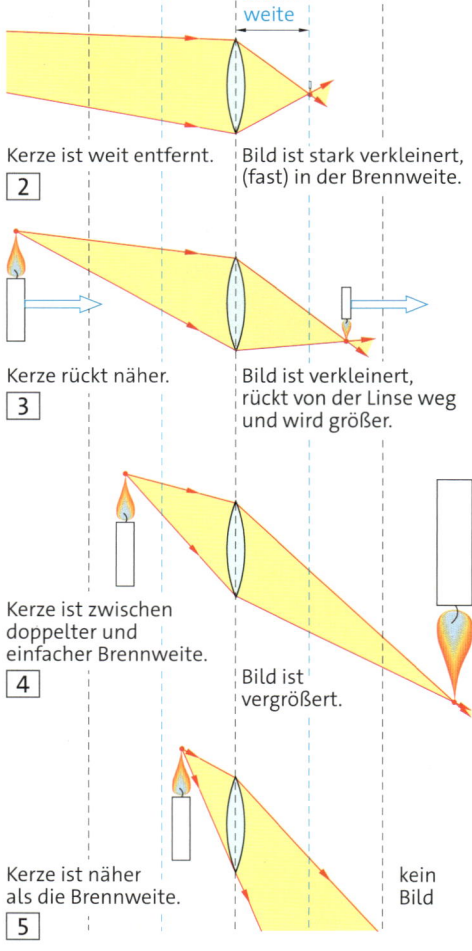

Kerze ist weit entfernt. | Bild ist stark verkleinert, (fast) in der Brennweite.
2

Kerze rückt näher. | Bild ist verkleinert, rückt von der Linse weg und wird größer.
3

Kerze ist zwischen doppelter und einfacher Brennweite.
4
Bild ist vergrößert.

Kerze ist näher als die Brennweite.
5
kein Bild

Brenn-weite

Aufgaben

1 ☑ Beschreibe die Größe und die Lage der Kerzenbilder. → 2 – 4

2 ☒ Manuel erzeugt mit einer Sammellinse ein Bild von einer Kerze auf der Wand. Das Bild soll größer werden. Beschreibe, wie er die Kerze und die Linse verschieben muss. Tipp: Eine Zeichnung kann helfen.

Material A

Große und kleine Bilder mit einer Sammellinse

Materialliste: Sammellinse (Brennweite: $f = 100\,mm$), Teelicht, Schirm, Meterstab, Tonnenfüße

Achtung! • Brandgefahr!

1 Stelle die Sammellinse 50 cm hinter dem Teelicht auf. → 6 Verschiebe den Schirm, bis das Bild der Flamme scharf ist. ☒ Miss die Bildweite. Beschreibe das Bild.

2 Schiebe die Linse etwas weiter vom Teelicht weg. ☒ Miss wieder die Bildweite und vergleiche mit dem Wert von Versuchsteil 1. Beschreibe, wie sich die Größe des Bilds geändert hat.

3 Verschiebe Linse und Schirm und erzeuge so verschiedene Bilder der Flamme:
• ein möglichst großes Bild
• ein möglichst kleines Bild
• ein Bild, das genauso groß ist wie die Flamme

a ☒ Protokolliere jeweils dein Vorgehen.

b ☒ Beschreibe den Zusammenhang zwischen Bildweite und Bildgröße:
• Je größer die Bildweite ist, desto ◇.
• Je kleiner die Bildweite ist, desto ◇.

c ☒ Beschreibe, wie die Gegenstandsweite mit der Bildweite zusammenhängt.

4 ☒ Miss die kleinstmögliche Bildweite. Vergleiche den Messwert mit der Brennweite der Linse.

5 ☒ Kann die Linse beliebig große Bilder erzeugen, indem man sie immer näher an das Teelicht heranrückt? Untersuche diese Frage mit einem Versuch und schreibe ein Protokoll.

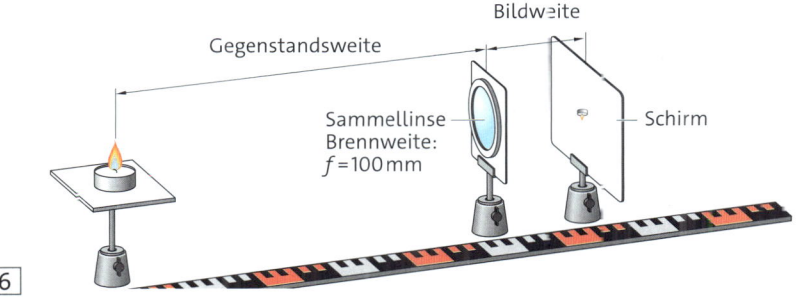

6

Material B

7

Bildgröße und Brennweite

1 Die Glasmurmel erzeugt ein Bild der Kerze. → 7

a ☒ Gib an, ob das Bild der Flammen verkleinert oder vergrößert ist.

b ☒ Mache Aussagen über die Brennweite der Glaskugel.

Nah heranholen

1 | Wer große Tiere in der Natur fotografieren will, muss vorsichtig sein.

Material zur
Erarbeitung: A

Eine Großaufnahme – das wäre toll! Leider kann man nicht immer so nah herangehen, wie man möchte.

Brennweite und Bildgröße • „Komm ein wenig näher – du bist so klein auf dem Foto!" So war das früher mit einfachen Kameras.
Bei modernen Kameras muss man den Abstand nicht mehr verringern. Sie haben ein verstellbares Objektiv, das Zoomobjektiv:
• In der Weitwinkeleinstellung wirkt das Objektiv wie eine dicke, stark gewölbte Sammellinse. → 2 Die Brennweite ist klein. Das Bild entsteht nahe an der Linse und ist klein.
• In der Tele-Einstellung wirkt das Objektiv wie eine dünne, schwach gewölbte Sammellinse. → 3 Die Brennweite ist groß. Das Bild entsteht weit von der Linse entfernt und ist groß. Das Objektiv ist jetzt sehr lang, weil die Bildweite so groß ist. Bei gleicher Gegenstandsweite gilt:

> **Je größer die Brennweite der Sammellinse ist, desto größer sind die Bildweite und das Bild.**

Aufgaben

1 ☒ Gib an, wie sich die Größen beim Heranzoomen ändern: → 2 3
• Brennweite des Objektivs
• Bildweite
• Bildgröße

2 ☒ Jana hat zwei Sammellinsen in der Physiksammlung gefunden – eine mit 50 mm Brennweite und eine mit 300 mm. Beurteile, welche sich besser für die Tele-Einstellung einer Kamera eignen würde.

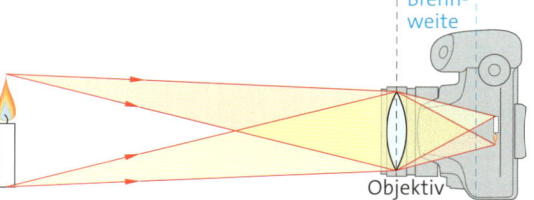

2 | Weitwinkel: kleine Brennweite – kleine Bildweite – kleines Bild

3 | Tele: große Brennweite – große Bildweite – großes Bild

Material A

Brennweite und Bildgröße

Materialliste: Sammellinsen
(Brennweite: f = 50 mm,
100 mm, 300 mm ...)

1 Erzeuge im Unterrichtsraum
mit den verschiedenen
Sammellinsen jeweils das
scharfe Bild eines Fensters
auf der gegenüberliegen-
den Wand.
  ☒ Fasse deine Beobachtungen zusammen:
„Je kleiner die Brennweite
der Linse ist, desto ◇ .“
Tipp: Für verschiedene
Sammellinsen mit gleichem
Durchmesser gilt: Je dicker
die Sammellinse in der
Mitte ist, desto kleiner ist
ihre Brennweite.

Material B

Objektive von Kameras

4 Weitwinkeleinstellung (W)

5 Tele-Einstellung (T)

1 ☒ Viele Kameras haben ein
verstellbares Objektiv
(Zoomobjektiv). → 4 5
a Vergleiche die Weitwinkeleinstellung mit der Tele-
Einstellung. Gib an, was dir
am Objektiv auffällt.
b Beschreibe, wofür man
die Tele-Einstellung nutzt.

2 Ein Teleobjektiv erkennt
man sofort. → 6
  ☒ Beschreibe sein
Erkennungsmerkmal.

6 Verschiedene Objektive

Material C

Verschiedene Zooms

Materialliste: Smartphone
(Tablet)

Optischer Zoom: Beim Heranzoomen vergrößert sich die
Brennweite des Objektivs.
Dadurch vergrößert sich auch
die Bildweite.
Digitaler Zoom: Smartphones
und Tablets sind sehr flach

gebaut, deshalb lässt sich die
Bildweite kaum vergrößern.
Diese Geräte sind daher häufi-
ger mit einem digitalen Zoom
ausgestattet. Dabei wird das
Bild auf dem lichtempfind-
lichen Chip vergrößert.

1 Nimm das Smartphone.
a Betrachte ein Foto aus der
Galerie. Zoome so weit wie
möglich in das Bild hinein.

b Starte die Kamera-App.
Zoome wieder so weit wie
möglich in das Bild hinein.
c ☒ Beschreibe, wie sich jeweils die Bildqualität beim
Hineinzoomen verändert.

2 ☒ Nimm ein Bild mit maxi-
malem Zoom und eines
ohne Zoom auf. Betrachte
die Bilder. Beschreibe die un-
terschiedliche Bildqualität.

Linsen zum Sehen

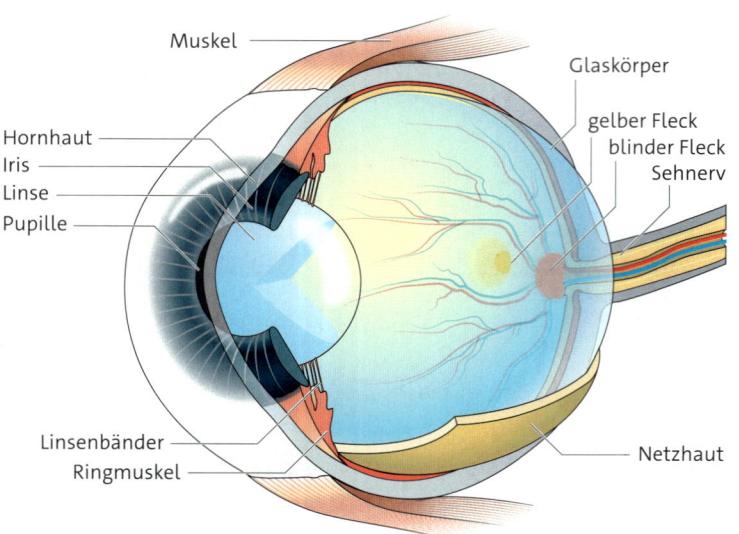

Muskel
Glaskörper
gelber Fleck
blinder Fleck
Sehnerv
Hornhaut
Iris
Linse
Pupille
Linsenbänder
Ringmuskel
Netzhaut

1 So ist unser Auge aufgebaut.

Das Auge erzeugt Bilder. Wenn sie nicht scharf genug sind, hilft eine Brille.

Die Abbildung im Auge • Das Licht von einem Gegenstand geht zuerst durch
5 die durchsichtige, gewölbte Hornhaut. → 1 Dann folgt eine Blende mit einem Loch in der Mitte: die bunte Iris (Blende) mit der schwarz aussehenden Pupille (Loch). Hinter der Pupille trifft
10 das Licht auf die Augenlinse. Sie erzeugt zusammen mit der Hornhaut das Bild des Gegenstands auf der Netzhaut.

Beim Blick auf einen fernen Baum ist die Augenlinse dünn und nur schwach
15 gewölbt. → 2 Bei einer nahen Ameise ist die Augenlinse dagegen dick und stark gewölbt. → 3 Die Linsenbänder und der Ringmuskel bewirken diese Veränderungen der Linse. → 1 → ▣
20 In der Netzhaut sitzen die Sehsinneszellen. Sie werden durch das Licht gereizt und schicken dann elektrische Signale über den Sehnerv zum Gehirn.

> Hornhaut und Augenlinse erzeugen zusammen Bilder auf der Netzhaut. Bei fernen Gegenständen ist die Brennweite der Augenlinse groß, bei nahen Gegenständen ist sie klein. Die Bildweite bleibt immer gleich.

30 **Normalsichtig** • Normalsichtige sehen Nahes und Fernes scharf. Ihr Augapfel ist von der Hornhaut bis zur Netzhaut etwa 24 mm lang.

Kurzsichtig • Kurzsichtige sehen nur
35 nahe Dinge scharf. → ▣ Ihr Augapfel ist länger als normal. → 4 Dadurch entstehen scharfe Bilder ferner Gegenstände schon vor der Netzhaut. Die Bilder auf der Netzhaut sind unscharf.

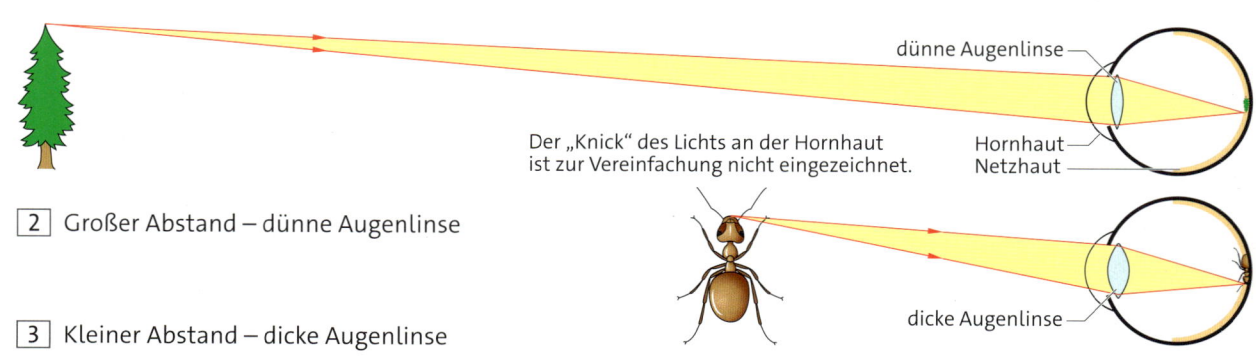

dünne Augenlinse
Hornhaut
Netzhaut
Der „Knick" des Lichts an der Hornhaut ist zur Vereinfachung nicht eingezeichnet.
dicke Augenlinse

2 Großer Abstand – dünne Augenlinse

3 Kleiner Abstand – dicke Augenlinse

nucuhu

Lexikon
Tipps
Simulationen
Erklärvideos

das **Auge**
die **Brille**
die **Kurzsichtigke t**
die **Weitsichtigkeit**

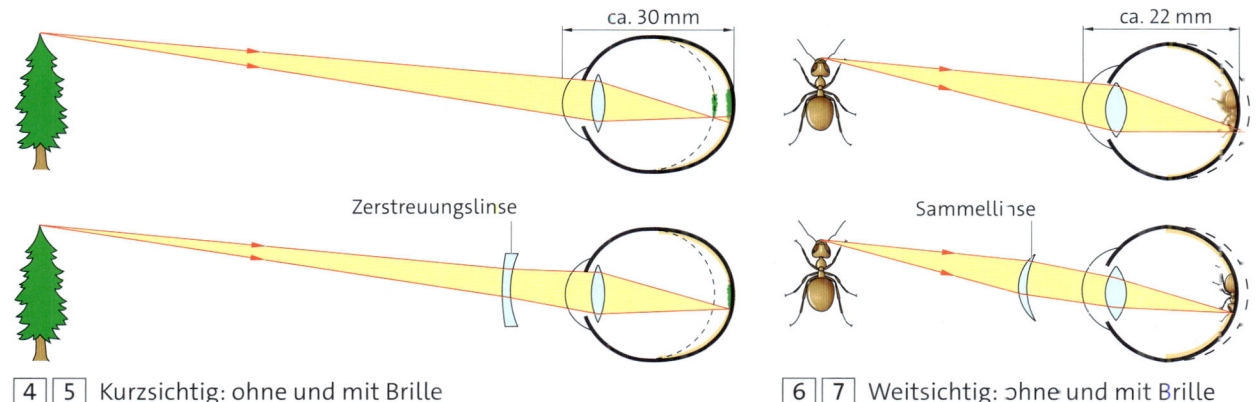

ca. 30 mm

ca. 22 mm

Zerstreuungslinse

Sammellinse

4 5 Kurzsichtig: ohne und mit Brille

6 7 Weitsichtig: ohne und mit Brille

40 Kurzsichtige brauchen eine Brille mit Zerstreuungslinsen. Diese Linsen sind in der Mitte dünner als am Rand. → 5 Sie „knicken" das Licht von einem Gegenstandspunkt so, dass es hinter
45 der Linse stärker auseinanderläuft als davor. Dadurch kann die Augenlinse das Licht erst etwas weiter hinten zusammenführen – auf der Netzhaut.

> **Kurzsichtige sehen ferne Gegenstände unscharf. Durch Brillen mit Zerstreuungslinsen entstehen scharfe Bilder erst auf der Netzhaut.**

Weitsichtig • Weitsichtige sehen nur ferne Dinge scharf. → ⊡ Das unschar-
55 fe Nahsehen kann zwei Gründe haben:
- Der Augapfel ist kürzer als normal. → 6 Das scharfe Bild würde erst hinter der Netzhaut entstehen.
- Die Augenlinse wölbt sich beim
60 Sehen naher Gegenstände nicht genug. Die Brennweite der Linse ist so groß, dass das scharfe Bild erst hinter der Netzhaut entstehen würde.
Weitsichtige brauchen eine Brille mit
65 Sammellinsen. Diese Linsen führen das

Licht von einem Gegenstandspunkt zusätzlich zur Augenlinse zusammen. → 7 Dadurch entsteht das scharfe Bild schon auf der Netzhaut.

> **Weitsichtige sehen nahe Gegenstände unscharf. Durch Brillen mit Sammellinsen entstehen scharfe Bilder schon auf der Netzhaut.**

Aufgaben

1 ☒ Nenne die Teile des Auges, die das Bild auf der Netzhaut erzeugen.

2 ☒ Ergänze im Heft: Die ⬦ der Augenlinse kann verändert werden. Die ⬦ bleibt bei nahen und fernen Gegenständen gleich groß.

3 Kurzsichtig – weitsichtig
a ☒ Ergänze im Heft:
- Kurzsichtige sehen ⬦ Dinge scharf und ⬦ Dinge unscharf.
- Weitsichtige sehen ⬦ Dinge scharf und ⬦ Dinge unscharf.

b ☒ Erkläre jeweils, wie Brillen helfen.

Linsen zum Sehen

Kurzsichtig – weitsichtig

Kurzsichtige brauchen Brillen mit Zerstreuungslinsen. Im Modellversuch entspricht die Sammellinse der Augenlinse und der Schirm entspricht der Netzhaut. →[1]

Materialliste: Zerstreuungslinse ($f = -100\,mm$), Sammellinse ($f = 50\,mm$), Smartphone mit leuchtendem F, Schiene mit Lineal, weiße Pappe, Schirmhalter, Reiter

1 Stelle die Zerstreuungslinse dicht vor die Sammellinse.

a ☒ Verschiebe den Schirm, sodass das Bild der Kerze

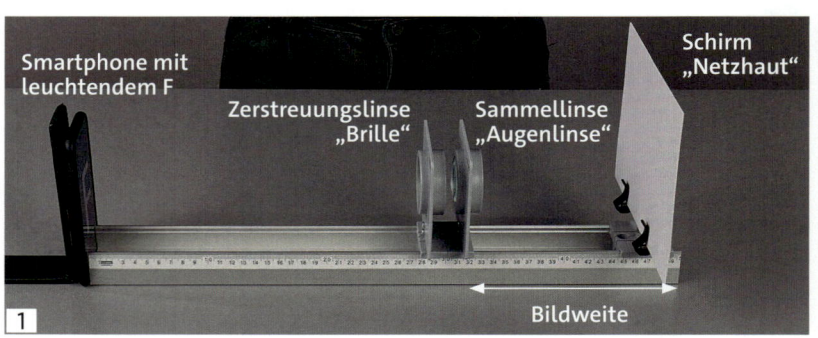

scharf ist. Miss die Bildweite.

b ☒ Nimm die Zerstreuungslinse weg. Beschreibe das Bild auf dem Schirm.

c ☒ Verschiebe den Schirm, bis das Bild wieder scharf ist. Der Aufbau entspricht jetzt dem „normalsichtigen" Auge. Miss die Bildweite.

d ☒ Vergleiche die Bildweiten. Welches Auge ist kürzer: das normalsichtige Auge oder das kurzsichtige?

2 ☒ Weitsichtige brauchen Brillen mit Sammellinsen. Plane einen Modellversuch dazu und führe ihn durch. Schreibe ein Protokoll.

Material B

Verschiedene Linsen

1 ☒ Ordne die Linsen in Sammellinsen und Zerstreuungslinsen. →[2] Begründe deine Zuordnung.

2 ☒ Ordne die Bilder den Linsentypen zu. →[3][4] Begründe deine Zuordnung. Tipps: Achte auf die Form der Linsen und darauf, wie das Licht gebrochen wird.

3 ☒ Gib an, welche Linse den folgenden Personen beim scharfen Sehen hilft:
• kurzsichtiger Mensch
• weitsichtiger Mensch

① ② ③ ④ ⑤

[2] Verschiedene Linsenformen

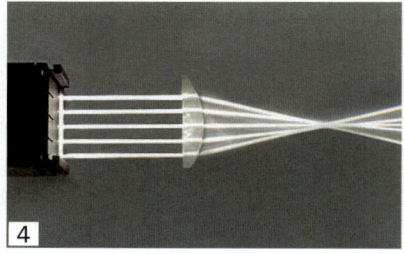

Material C

„Brillenstärke"

1 Die „Brillenstärke" wird in Dioptrien angegeben. → 5

a ☒ Berechne die fehlenden Werte in der Tabelle. → 6

b ☒ Nenne die „stärkste" Linse.

„Brillenstärke"

Stark gewölbte Sammellinsen „knicken" das Licht stark. Ihre Brennweite ist klein. Der Kehrwert der Brennweite (in m) ist groß. Er beschreibt die „Brillenstärke" und wird in Dioptrien angegeben. Beispiel: Eine Sammellinse mit einer Brennweite von 0,2 m hat eine „Brillenstärke" von $\frac{1}{0,2}$ = 5 Dioptrien. Diese Linse führt das Licht stärker zusammen als eine Sammellinse mit 2 Dioptrien, denn diese hat eine größere Brennweite von 0,5 m: $\frac{1}{0,5}$ = 2. Bei Zerstreuungslinsen gibt man die „Brillenstärke" durch negative Dioptrien an.

5

Brennweite	Dioptrie
2,0 m	?
0,5 m	?
?	10
20 cm	?

6 Verschieden „starke" Linsen

Material D

> Ich kann gar nichts erkennen …

> Alles ist verschwommen.

> So geht's auch. Ich geh' doch nicht zum Augenarzt! Dann krieg' ich ja 'ne Brille!

7

Brillen und Kontaktlinsen

Miriam hat seit einiger Zeit Probleme, Tafelanschriebe oder Plakate zu lesen. → 7

Materialliste: Smartphone

8 Kontaktlinse

1 ☒ Notiert Gründe, warum Miriam keine Brille tragen möchte und warum sie eine Brille tragen sollte.

2 ☒ Filmt ein Rollenspiel mit zwei Personen, die Miriam und ihre Freundin spielen. Die Freundin hat im Spiel bemerkt, dass Miriam schlecht sehen kann.

3 Auch Kontaktlinsen gleichen Sehfehler aus. → 8

☒ Informiert euch zum Beispiel in einem Augenoptikgeschäft über Vor- und Nachteile von Kontaktlinsen. Beschreibt, für welche Personen und in welchen Situationen das Tragen von Kontaktlinsen sinnvoll sein kann.

Unser Gehirn bestimmt, was wir sehen

1 Seht ihr alle das Gleiche?

Mal siehst du zwei Köpfe, mal einen Pokal. →1 Auf deiner Netzhaut ist aber beide Male dasselbe Bild!

Auge und Gehirn • Das Netzhautbild
5 der Blume steht auf dem Kopf. →2
Wir sehen die Welt aber aufrecht. Das Gehirn „betrachtet" das Netzhautbild nämlich nicht einfach wie ein Foto. Vielmehr wertet es die Signale aus, die
10 von der Netzhaut kommen. Dabei ist unsere Erfahrung wichtig. Sie besagt, dass eine Blume aufrecht steht. Das Gehirn schließt daher aus dem um-gekehrten Netzhautbild auf einen
15 aufrecht stehenden Gegenstand.

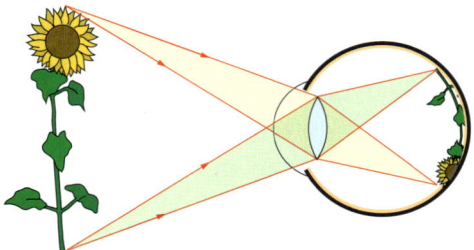

2 Aufrechte Blume – umgekehrtes Bild

Manchmal erkennt dein Gehirn zwei verschiedene Dinge an derselben Stelle. →1 Es deutet dann dasselbe Netzhautbild zum Beispiel mal als
20 Pokal und mal als Köpfe.

Räumliches Sehen • Wir haben zwei Augen – warum sehen wir nicht alles doppelt? Betrachte einen nahen Gegenstand, der vor einem weit
25 entfernten Gegenstand steht. →3
Halte dazu erst das linke, dann das rechte Auge geschlossen. Du erkennst, dass sich der nahe Gegenstand an verschiedenen Stellen vor dem Hinter-
30 grund befindet. Unser Gehirn erzeugt aus dem Unterschied der Netzhaut-bilder einen räumlichen Seheindruck.

3 Linkes Auge offen – rechtes Auge offen

> Der Seheindruck von unserer Umgebung entsteht erst im Gehirn.

Aufgaben

1 ☒ Wir sehen Dinge aufrecht, obwohl ihr Netzhautbild auf dem Kopf steht. Erkläre dies.

2 ☒ Erkläre, weshalb wir nicht alles doppelt sehen.

Material A

Vertrackte Farben

1 Die Liste mit den Farb-namen hat es in sich. → 4

a ☑ Lies die Wörter nicht vor, sondern nenne laut und möglichst schnell die Farben, in denen sie gedruckt sind.

b ☒ Fünfjährige haben keine Schwierigkeiten mit dieser Aufgabe. Erkläre den Unter-schied.

4 **Blau** **Grün** **Rot** **Gelb** **Blau** **Gelb** **Grün** **Rot** **Blau** **Weiß** **Schwarz** **Weiß** **Gelb**

Material B

Mit zwei Augen sehen

Materialliste: Papier, Stift, leere Flasche

1 Schließe ein Auge und halte eine Röhre aus Papier vor das andere Auge. Schaue durch die Röhre in die Ferne. Öffne dann auch das zweite Auge. → 5
a ☑ Beschreibe, was du siehst.
b ☒ Erkläre deine Beobachtung.

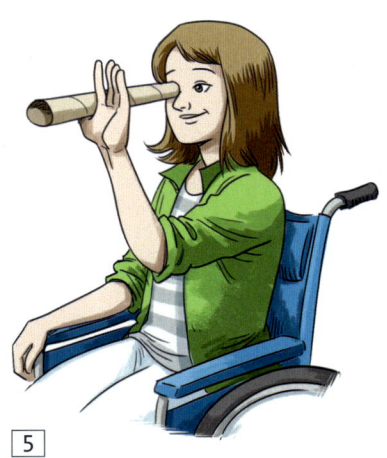

5

2 Eine leere Flasche steht auf dem Tisch. Stecke von oben einen Stift hinein – halte dabei aber ein Auge ge-schlossen. Wiederhole dann den Versuch mit beiden Augen geöffnet.
☒ Erkläre den Unterschied.

3 Stelle dich ans Fenster. Bei gestreckten Armen sollen sich die Spitzen der Zeige-finger berühren. → 6
Blicke nicht auf die Finger, sondern über sie hinweg zum Himmel. Ziehe dann die Fingerspitzen etwas ause nander.
☑ Beschreibe, was du jetzt siehst.

6

Material C

Lass dich täuschen!

1 Folge den Hinweisen unter den Bildern. → 7 8
☒ Beschreibe deine Seheind ücke.

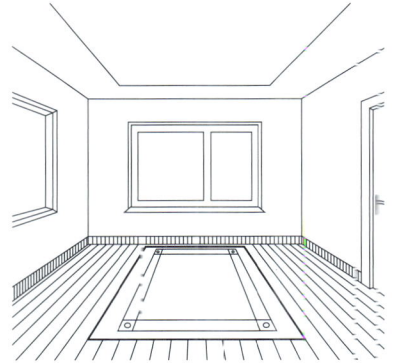

7 Ist die Zimmerwand im Hintergrund breiter als die Vorcei-kante des Teppichs? Miss nach!

8 Krumm und schief? Prüfe es.

Wie wir sehen

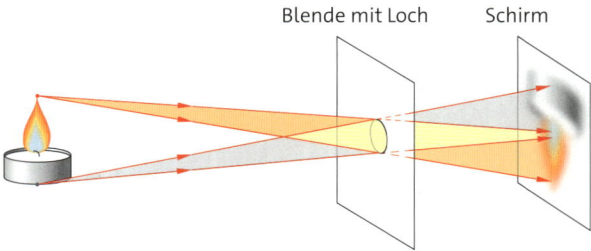

Blende mit Loch   Schirm

1 Großes Loch: Bild hell, aber unscharf

Löcher machen Bilder • Vom Gegenstand fällt Licht durch das Loch in der Blende. Auf dem Schirm hinter der Blende entsteht zu jedem Punkt des Gegenstands ein Lichtfleck. Alle Lichtflecke zusammen ergeben das umgekehrte Bild des Gegenstands. → **1**
Je weiter der Schirm vom Loch entfernt ist, desto größer wird das Bild.

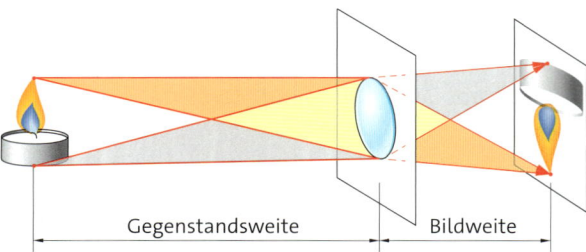

Gegenstandsweite   Bildweite

2 Sammellinse: Bild hell und scharf

Sammellinsen machen scharfe Bilder • Die Sammellinse bildet jeden Gegenstandspunkt in einem Bildpunkt ab. Das umgekehrte Bild ist hell und scharf – aber nur in einem einzigen Abstand zwischen Sammellinse und Schirm. → **2** Der Abstand zwischen Linse und scharfem Sonnenbild heißt Brennweite. Je schwächer die Sammellinse gewölbt ist, desto größer ist die Brennweite.

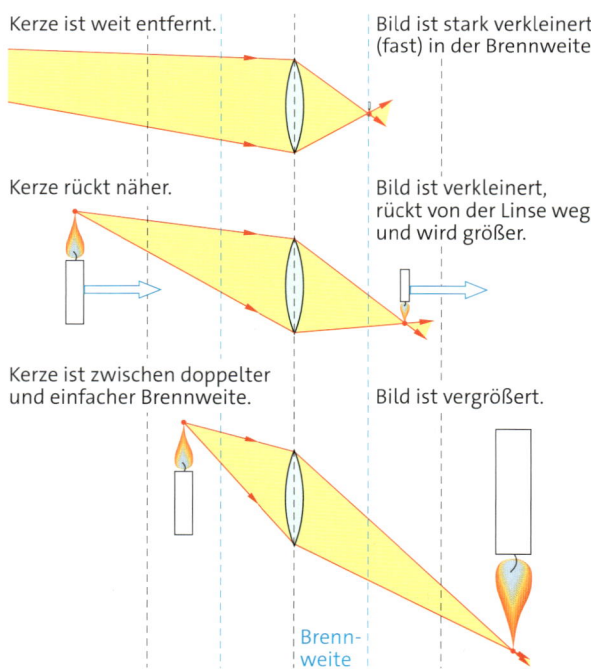

Kerze ist weit entfernt.

Bild ist stark verkleinert, (fast) in der Brennweite.

Kerze rückt näher.

Bild ist verkleinert, rückt von der Linse weg und wird größer.

Kerze ist zwischen doppelter und einfacher Brennweite.

Bild ist vergrößert.

Brennweite

3 Verschiedene Abstände – verschiedene Bilder

Vergrößern und verkleinern – nah heranholen • Ferne Gegenstände werden von der Sammellinse stark verkleinert in der Brennweite abgebildet. → **3** Je näher der Gegenstand an die Sammellinse heranrückt, desto weiter rückt sein Bild von ihr weg und desto größer wird das Bild. Je größer die Brennweite einer Sammellinse ist, desto größer ist das Bild des Gegenstands (bei gleicher Gegenstandsweite). → **4**

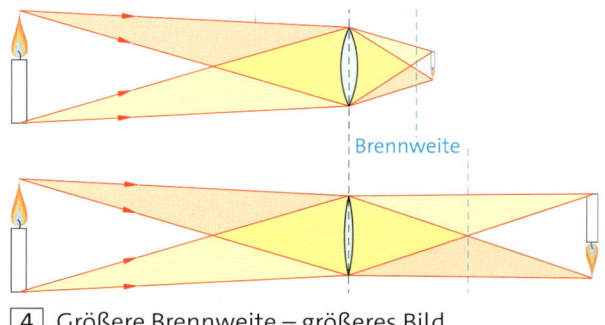

Brennweite

4 Größere Brennweite – größeres Bild

Linsen und Sehen • Das Licht fällt durch die Horn-haut und die Pupille ins Auge. →5 Die Horn-haut und die Augenlinse „knicken" das Licht und führen es auf der Netzhaut zusammen. Dort ent-stehen umgekehrte Bilder von der Umgebung.

Unser Gehirn bestimmt, was wir sehen • Der Seheindruck von der Umgebung entsteht erst im Gehirn. Beim Auswerten der Netzhautbilder spie-len Erfahrung und Erinnerung eine große Rolle.

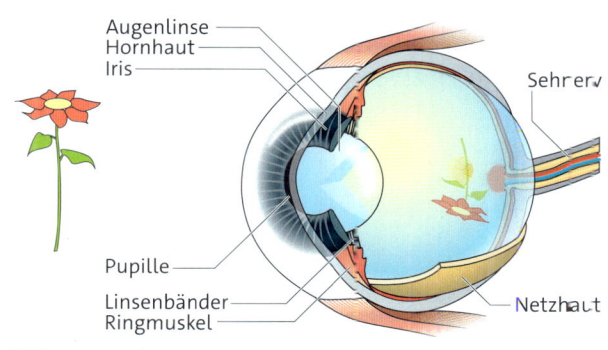

5 Aufbau unseres Auges

Nah und fern • Bei nahen Gegenständen ist die Brennweite der Augenlinse klein. →6 Bei fernen Gegenständen ist die Brennweite groß. Die Bildweite bleibt immer gleich.

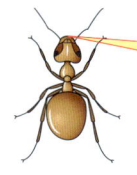

6 Naher Gegenstand – kleine Brennweite; ferner Gegenstand – große Brennweite

Kurzsichtig • Kurzsichtige sehen ferne Gegen-stände unscharf. Das scharfe Bild entsteht vor der Netzhaut. Durch die Zerstreuungslinse entsteht es erst auf der Netzhaut. →7

Weitsichtig • Weitsichtige sehen nahe Gegen-stände unscharf. Das scharfe Bild würde hinter der Netzhaut liegen. Durch die Sammellinse entsteht es schon auf der Netzhaut. →8

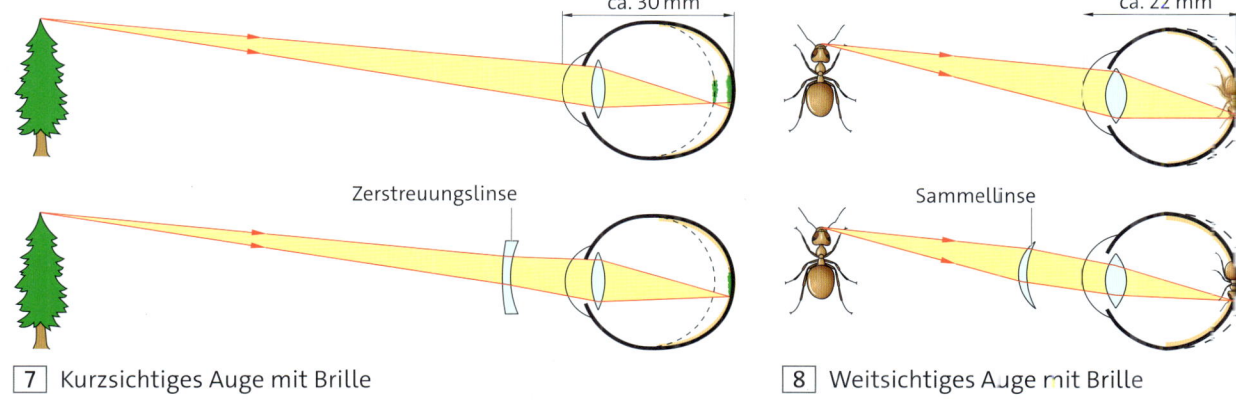

7 Kurzsichtiges Auge mit Brille

8 Weitsichtiges Auge mit Brille

Wie wir sehen

Teste dich!

Löcher machen Bilder – Sammellinsen machen scharfe Bilder

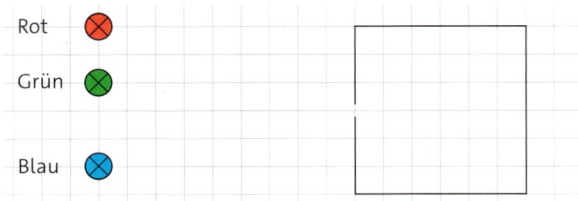

|1| Vorlage für die Zeichnung

1 ◫ Vor einer Lochkamera stehen drei kleine Lämpchen. → |1| Übertrage die Anordnung in dreifacher Größe in dein Heft. Zeichne die Bilder der Lämpchen ein.

2 Lochkamera – Linsenkamera
a ◫ Nenne Gemeinsamkeiten und Unterschiede der Bilder.
b ⊠ Erkläre, wieso die Bilder umgedreht sind.

3 ⊠ Erkläre, wie die „Brennweite" einer Sammellinse zu ihrem Namen kommt.

4 So wird das Licht einer fernen Leuchtturmlampe von einer stark gewölbten Sammellinse zusammengeführt. → |2|
a ⊠ Skizziere das Gleiche für eine schwach gewölbte Sammellinse.

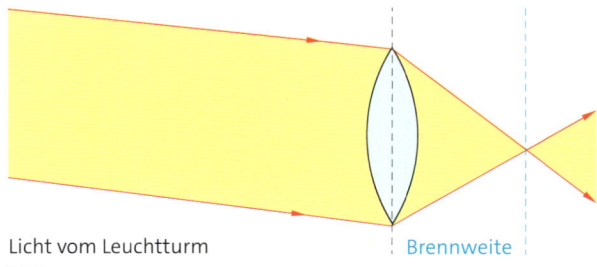

Licht vom Leuchtturm   Brennweite
|2| Ferne Lampe und stark gewölbte Linse

b ◫ Gib den richtigen Zusammenhang an: Je stärker eine Sammellinse gewölbt ist, desto ◈ ist ihre Brennweite.

Vergrößern und verkleinern – Nah heranholen

5 ◫ Beschreibe, wie du mit einer Sammellinse
a das verkleinerte Bild einer Kerze erzeugst.
b das vergrößerte Bild einer Kerze erzeugst.

6 ⊠ Die Kerze steht ganz nahe an der Sammellinse. → |3| Erkläre, warum kein Bild der Kerze entsteht.

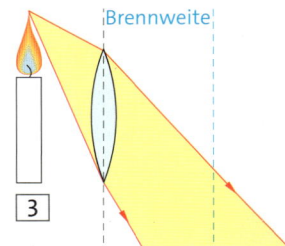

Brennweite

|3|

Linsen zum Sehen

7 ◫ Du gehst vom dunklen Flur auf die helle Straße. Beschreibe, wie sich deine Pupille dabei ändert.

8 ⊠ Ein Auto fährt auf dich zu. Beschreibe, wie sich sein Bild auf deiner Netzhaut ändert.

9 ⊠ Du siehst erst den Kalender scharf und dann die Rose. → |4| |5| Beschreibe, wie sich deine Augenlinse dabei verändert.

|4|

|5|

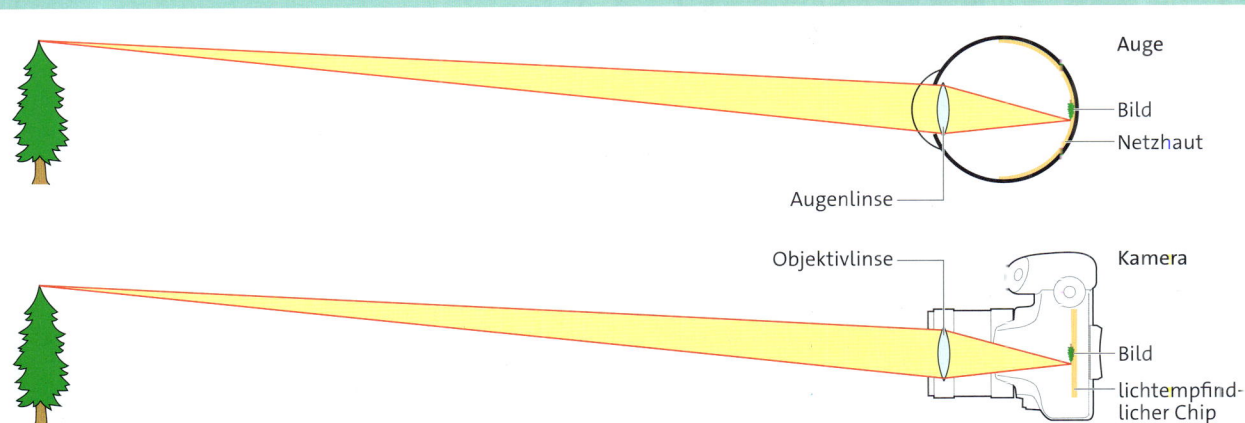

6 Auge und Kamera im Vergleich

10 ⊡ Das Auge und die Kamera sind ähnlich
aufgebaut. → 6
Übertrage die Tabelle in dein Heft. → 7
Ergänze die folgenden Einträge:
Bild auffangen, Bild erzeugen, Chip, Linse
verformbar, Linse verschiebbar, Objektivlinse,
Lichteinfall regeln.

Auge	Kamera	Funktion
Augenlinse	?	?
Iris	Blende	?
Netzhaut	?	?
?	?	Bild scharf stellen

7 Auge und Kamera im Vergleich

11 Kurzsichtig – weitsichtig
a ⊡ Beschreibe, was Kurzsichtige scharf sehen
können und was nicht.
b ⊡ Benenne die Linsen in den Brillen für
Kurzsichtige.
c ⊠ Beschreibe, wie Brillen für Kurzsichtige
funktionieren.
d ⊠ Löse die Aufgaben a–c für Weitsichtige.

Unser Gehirn bestimmt, was wir sehen

12 ⊡ Auf der Netzhaut ist ein umgedrehtes Bild
des Baums. → 6 Erkläre, weshalb wir den
Baum trotzdem aufrecht wahrnehmen.

13 Halte eine Münze zwischen das Heft und
deine Augen. Blicke sie abwechselnd mit
dem rechten und dem linken Auge an.
a ⊡ Beschreibe deine Beobachtung.
b ⊠ Beschreibe, was deine Beobachtung
mit dem räumlichen Sehen zu tun hat.

14 Drehe die Bilder richtig herum. → 8 9
a ⊡ Beschreibe deine Beobachtung.
b ⊠ Erkläre, warum dir das Sonderbare nicht
schon vorher auffällt.

Spiegel, Trugbilder, farbiges Licht

Hier wird Licht zerlegt: Das Ergebnis ist wunderschön. Wie können Regenbogen entstehen?

Hat die Antilope zwei Spiegelbilder? Oder gibt es eine andere
Erklärung?

Eine Hand taucht ins Wasser-
becken. Warum sieht man die
Finger doppelt?

Spieglein, Spieglein …

1 … an der Wand, wer ist die Schönste im ganzen Land?

Materialien zur Erarbeitung: A–B

In einem Spiegel kannst du dein Spiegelbild sehen. Entspricht es genau deinem Gesicht oder ändert der Spiegel etwas? Um diese Frage zu beantworten,
5 musst du verstehen, wie ein Spiegelbild entsteht. Was macht ein Spiegel mit dem Licht, das auf ihn trifft?

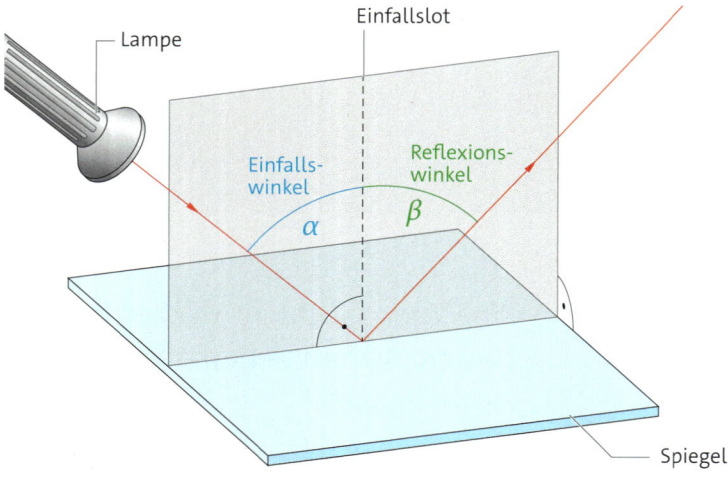

Einfallswinkel = Reflexionswinkel

2 Das Reflexionsgesetz → ▣

Reflexion • Ein Spiegel lenkt Licht gerichtet um. → 2 Man sagt: Der
10 Spiegel reflektiert das Licht. Einfallende und reflektierte Lichtstrahlen bilden ein V, das senkrecht auf dem Spiegel steht. Das V kann breit oder schmal sein. Das hängt davon ab, wie groß
15 der Einfallswinkel ist. Die Senkrechte mitten im V nennt man Einfallslot.

> Am Spiegel gilt das Reflexionsgesetz:
> • Der Einfallswinkel ist genauso groß wie der Reflexionswinkel.
> • Der einfallende Lichtstrahl und der reflektierte Lichtstrahl liegen in einer Ebene mit dem Einfallslot.

Spiegelbild • Die Gegenstände vor dem
25 Spiegel sehen wir einmal „in echt" und einmal als Spiegelbilder. → 3 Die Spiegelbilder sind scheinbar genauso weit vom Spiegel entfernt wie die

Lexikon
Tipps
Simulationen
Video

qaqire

die **Reflexion**
das **Reflexionsgesetz**
das **Spiegelbild**
das **reelle Bild**
das **Trugbild**

Gegenstände selbst. Das Spiegelbild
30 der Flammenspitze entsteht z. B. so:
→ 4 Licht von der Spitze trifft auf den
Spiegel und wird zum Auge reflektiert.
Du siehst das Spiegelbild der Flammenspitze genau in der Richtung, aus der
35 das reflektierte Licht ins Auge fällt.

> Wenn der Spiegel das Licht eines
> Gegenstands ins Auge reflektiert,
> dann sehen wir ein Spiegelbild.
> Es liegt in der Richtung, aus der das
> reflektierte Licht ins Auge fällt.

Trugbild • Eine Sammellinse führt das
Licht von einem Gegenstand zu einem
Bild des Gegenstands zusammen. Ein
Schirm am Ort des Bilds wird vom Bild
45 beleuchtet. Das Bild ist reell.
Ein Schirm hinter dem Spiegel fängt
nirgendwo ein Spiegelbild auf, es exis-
tiert nicht wirklich. Das Spiegelbild ist
ein „Trugbild".

Aufgaben

1 ☑ Nenne Gegenstände, die wie
der Spiegel Licht reflektieren.

2 ☒ „Weiße Wände streuen Licht,
Spiegel reflektieren es." Beschreibe
den Unterschied zwischen Streuung
und Reflexion.

3 ☑ Ergänze: Das Spiegelbild der Kerze
scheint vom Spiegel ◇ entfernt zu
sein wie die Kerze selbst. → 3

4 ☒ Erkläre, wie das Spiegelbild
der Tasse entsteht. → 3

5 ☒ Spiegelbilder sind „Trugbilder".
Erkläre, was damit gemeint ist.

6 ☒ „Ohne das Auge gäbe es kein
Spiegelbild der Kerze." → 4
Nimm Stellung zu der Aussage.

3 Spiegelbilder

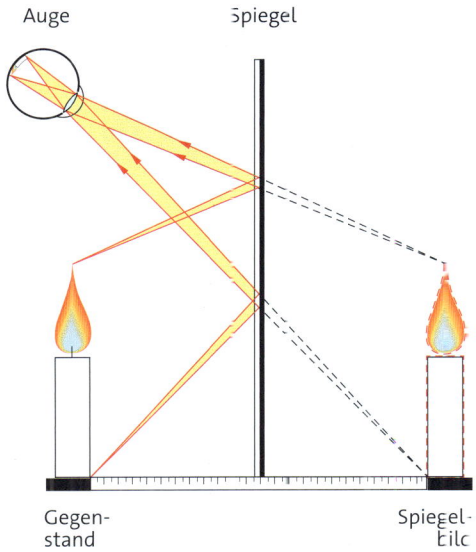

4 So entsteht das Spiegelbild der Kerze.

Spieglein, Spieglein …

Der Lichtweg am Spiegel

Materialliste: Spaltleuchte, Spiegel mit Halterung, weißes Papier, Lineal, Farbstifte

Spiegel mit Halterung

Auf die Mitte zielen

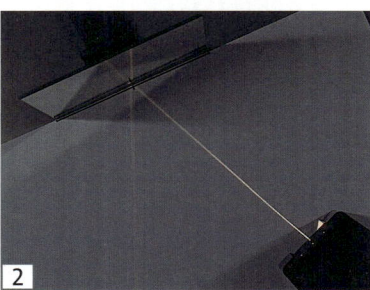

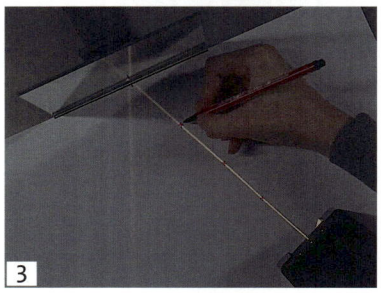

Stelle den Spiegel am Rand des Papiers auf. Zeichne auf dem Papier ein, wo der Spiegel steht. →|1| Markiere auch die Mitte des Spiegels auf dem Papier mit einem Strich.

1 ▣ Ziele mit dem Licht auf den „Mittelstrich". →|2| Zeichne auf dem Papier Kreuze (erste Farbe) in die Mitte des Lichtwegs – vor und nach der Reflexion am Spiegel. →|3|

2 ▣ Richte die Lampe aus einem anderen Winkel auf die Spiegelmitte. Markiere die Mitte des Lichtwegs wieder durch Kreuze (zweite Farbe).

3 ▣ Zeichne beide Lichtwege auf dem Papier durch farbige Geraden nach. Einfallendes und reflektiertes Licht bilden zusammen jeweils einen Buchstaben: Nenne ihn.

Material B

Gespiegeltes Licht im Visier

Materialliste: 2 Papprohre, Taschenlampe, Spiegel

1 Ein Versuch für drei: →|4|
a ▣ Person 1 leuchtet durch Rohr 1 auf den Spiegel. Person 2 verschiebt und dreht Rohr 2, bis Licht in ihr Auge fällt. Person 3 beschreibt die Stellung der Rohre.
b ▣ Die Richtung von Rohr 1 wird verändert. Sucht das umgelenkte Licht. Beschreibt die Stellung der Rohre.
c ▣ Wie müsst ihr die Rohre halten? Stellt eine Regel auf.

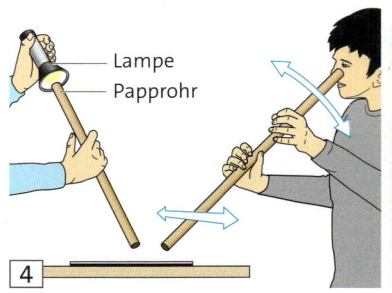

Lampe
Papprohr

Material C

Vertauscht der Spiegel Richtungen?

1 Im Foto zeigt der rote Stift nach oben, der gelbe Stift nach links und der grüne Stift von dir weg. →|5|

a ▣ Beschreibe jeweils genau, in welche Richtungen die Stifte des Spiegelbilds zeigen. →|5|
b ▣ Vertauscht der Spiegel Richtungen? Begründe deine Antwort.

Material D

Licht ins Ziel lenken

Materialliste: abgeklebte Taschenlampe mit Lichtspalt (wie in Bild 1), Papier (DIN A4), 2 Taschenspiegel

1 Die Zeichnung zeigt den Grundriss eines Zimmers. → 6 Die Wand steht dem Licht im Weg. Die beiden Spiegel sollen senkrecht auf den Grundriss gestellt werden, sodass sie das Licht zum Kreuz lenken.

a ⊠ Zeichnet das Zimmer groß auf eurem Blatt Papier auf. Überlegt euch, wo die Spiegel stehen müssen. Zeichnet sie und den vermuteten Lichtweg ein.

b ⊠ Stellt die Spiegel jetzt an den vorgezeichneten Stellen auf eure Zeichnung. Überprüft mit der Lampe, ob ihr das Kreuz trefft.

c ⊠ Zeichnet selbst einen Grundriss für andere Teams Ihr könnt auch mehr als zwei Spiegel verwenden.

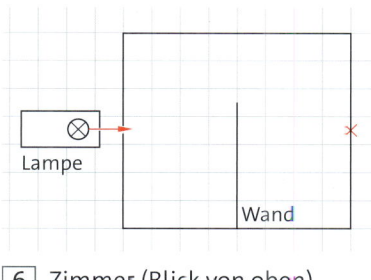

6 Zimmer (Blick von oben)

Material E

Hinter den Spiegel gießen

Kathrin steht am Lehrerpult und sieht das Becherglas 1 und sein Spiegelbild. → 7 Sie gibt Michael Anweisungen: Er soll das Becherglas 2 genau über das Spiegelbild halten und dort abstellen. Jetzt sieht Kathrin das Becherglas 2 nicht mehr. → 8 Sie gießt Wasser aus dem 3. Becherglas genau „in das Spiegelbild hinein"!

Materialliste: großer Spiegel, Halterungen, 3 Bechergläser, Wasser, Lineal, Lappen

1 ⊠ Führt den Versuch vor der Klasse vor. Messt den Abstand der beiden Gläser vom Spiegel.

Wiederholt den Versuch mit unterschiedlichen Abständen zum Spiegel.

2 ⊠ Formuliert als Ergebnis eures Versuchs einen Satz in dem die folgenden Wörter vorkommen: Gegenstand, Spiegelbild, Spiegel, Entfernung.

7

8

Trugbilder durch Brechung

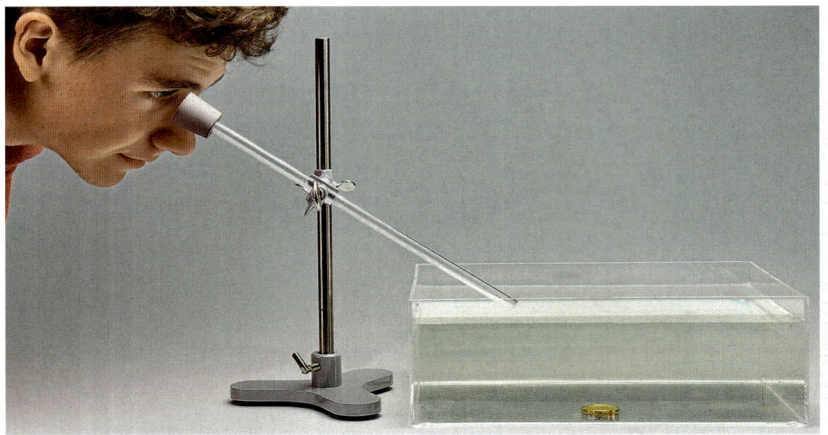

1 „Jetzt sehe ich die Münze!"

Material zur
Erarbeitung: A

Jan sieht die Münze durch das Glasrohr. Doch als er versucht, die Münze mit einem Stab durch das Rohr zu treffen, erlebt er eine Überraschung – der Stab
5 verfehlt das Ziel. Dabei hat er genau gezielt!

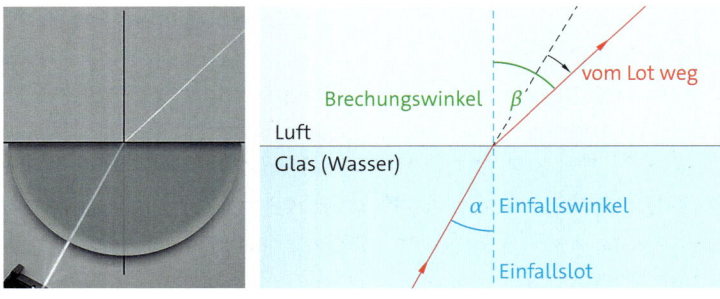

2 Licht geht aus dem Glas in Luft über: Brechung vom Lot weg.

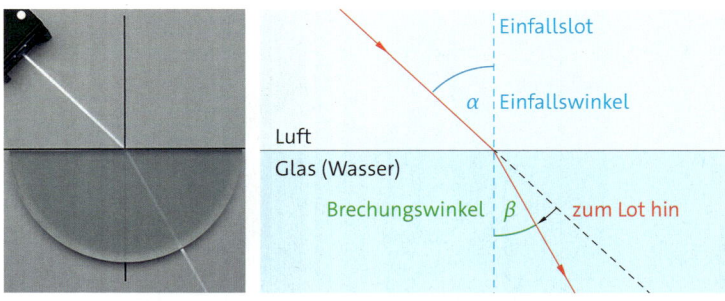

3 Licht geht aus der Luft in Glas über: Brechung zum Lot hin.

Brechung • Licht fällt auf die Münze und wird gestreut. An der Wasseroberfläche wird das von der Münze
10 kommende Licht abgelenkt.
Licht wird immer abgelenkt, wenn es schräg von Wasser oder Glas auf Luft trifft. Auch wenn Licht aus der Luft kommt, wird es an der Grenzfläche
15 zum Wasser abgelenkt. Diese Ablenkung des Lichtwegs an einer Grenzfläche nennt man Brechung. Für die Brechung des Lichts gelten folgende Regeln:
20 • Das Licht wird vom Einfallslot weg gebrochen, wenn es aus dem Glas (Wasser) in die Luft übergeht. → 2
• Das Licht wird zum Einfallslot hin gebrochen, wenn es aus der Luft in
25 das Glas (Wasser) übergeht. → 3
• Je flacher das Licht auftrifft, desto stärker ist der „Knick".
• Der Lichtweg ist umkehrbar.

Licht wird gebrochen, wenn es schräg auf die Grenzfläche zwischen zwei durchsichtigen Stoffen trifft.

pokehe

Lexikon
Tipps
Erklärvideo, Video
Simulationen

die **Brechung**
die **optische Hebung**
die **Totalreflexion**

Optische Hebung • Wenn wir zum Beispiel einen Fisch unter Wasser sehen,
befindet er sich gar nicht dort, wo wir
35 ihn sehen. Wir sehen ein Trugbild. → [4]
Es entsteht so: Licht wird vom Fisch
gestreut. An der Wasseroberfläche wird
es vom Lot weg gebrochen. Ein Teil des
gebrochenen Lichts fällt ins Auge der
40 Person im Boot. Sie sieht ein Trugbild
des Fischs in der Richtung, aus der das
Licht in das Auge einfällt. Der Fisch
scheint angehoben zu sein.

> Gegenstände unter Wasser sehen
> wir scheinbar angehoben. Wir sehen
> sie in der Richtung, aus der das
> gebrochene Licht ins Auge fällt.

Totalreflexion • Die Person im Boot
sieht den weiter entfernten Fisch nicht.
50 → [5] Ein Teil des Streulichts vom Fisch
trifft sehr schräg aus dem Wasser auf
die Luft. Es wird vollständig (total)
zurück in das Wasser reflektiert und
gelangt nicht in das Auge der Person.
55 Durch Totalreflexion kann man Licht in
Glasfaserkabeln über lange Strecken
transportieren. Jede Glasfaser besteht
aus einem lichtdurchlässigen Kern und
einem Mantel. → [6] Licht gelangt an
60 einem Ende in den Lichtleiter. An der
Grenze vom Kern zum Mantel wird das
Licht immer wieder total reflektiert und
so über weite Strecken weitergeleitet.

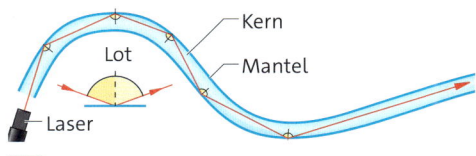

[6] Totalreflexion im Lichtleiter

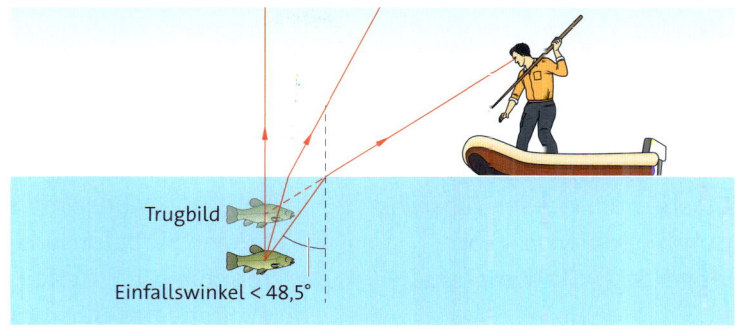

[4] Optische Hebung: Die Person sieht das Trugbild des Fischs.

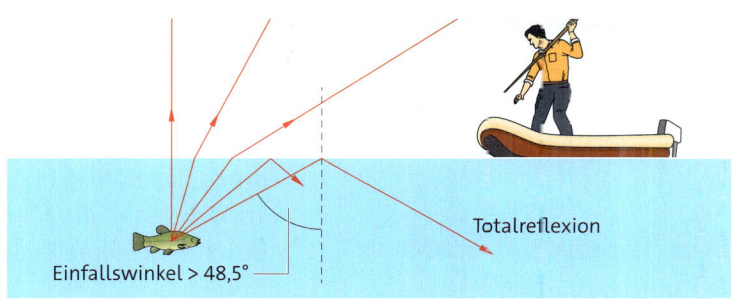

[5] Totalreflexion: Die Person sieht den Fisch nicht. → [▣]

Aufgaben

1 ☑ Ergänze die Sätze im Heft. Tipp:
vom Lot weg, schräg, zum Lot hin
a Licht wird gebrochen, wenn es ◇
auf die Wasseroberfläche trifft.
b Beim Übergang von Luft in Wasser
wird das Licht ◇ gebrochen.
c Beim Übergang von Wasser in Luft
wird das Licht ◇.

2 Man sieht den Fisch unter Wasser
nicht dort, wo er sich befindet.
a ☒ Erkläre, wie es zum Trugbild
des Fischs kommt. → [4]
b ☒ Erkläre, warum kein Trugbild
entsteht, wenn man sich genau
über dem Fisch befindet.

Trugbilder durch Brechung

Material A

Richtig zielen

Materialliste: Münze, großes Glasbecken, Wasser, Glasrohr, Gummistopfen mit Loch, langer Stab, Stativmaterial

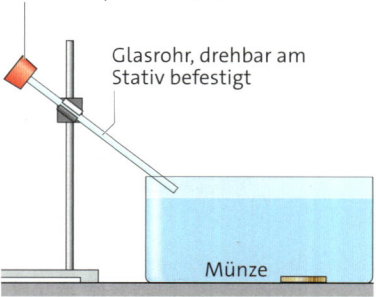

Gummistopfen mit Loch

Glasrohr, drehbar am Stativ befestigt

Münze

1 Triffst du die Münze?

1 Eine Münze liegt unter Wasser am Boden eines Glasbeckens. → 1 Du sollst die Münze mit einem langen Stab durch das Glasrohr hindurch treffen.

a ▶ Stelle das Glasrohr durch Drehen und Verschieben so ein, dass du die Münze durch das Rohr hindurch siehst.

b ▶ Überprüfe deine Einstellung, indem du den Stab durch das Rohr schiebst. Trifft der Stab die Münze? Beschreibe deine Beobachtungen.

Material B

Licht geht von Wasser in Luft über

1 Die Lampe leuchtet unter Wasser. → 2

▶ Ergänze: Je flacher das Licht auf die Luft trifft, desto ◇ wird es gebrochen. Wenn das Licht sehr flach auftrifft, wird es ◇.

Lampe

2

Material C → ▣

Licht geht über von Luft in Wasser (Demoversuch)

Materialliste: Glasbecken, Wasser, Laser Ray Box (Klasse-II-Laser) mit Magnethalterung, Eisenblech, schwarze Kunststoffplatten, Klemmen

Achtung! • Mit dem Laser nicht in Augen leuchten! Nicht hineinblicken! Vorsicht: Das Licht wird an der Wasseroberfläche auch reflektiert!

1 Das Wasser wird in das vorbereitete Becken gefüllt. Der Laserstrahl ist sichtbar, weil er am Eisenblech entlangstreift. → 3 Der Laser wird so ausgerichtet: Der Laserstrahl soll zuerst senkrecht auf das Wasser treffen, dann immer flacher. ▶ Beschreibt eure Beobachtungen.

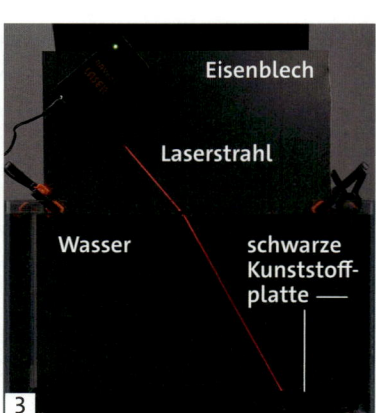

Eisenblech

Laserstrahl

Wasser

schwarze Kunststoffplatte —

3

Material D

Der richtige „Knick"

1 In beiden Bildern ist jeweils
von den Lichtstrahlen 1–3
nur einer richtig gezeichnet.
→ 4 5
a ☑ Gib an, welche beiden
Lichtstrahlen richtig gezeichnet sind.
b ☒ Begründe deine Auswahl.
c ☒ Übertrage die Bilder in
dein Heft. Zeichne aber nur

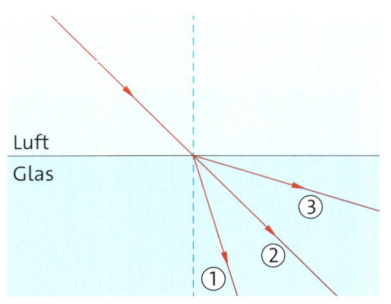

4 Übergang Luft – Glas

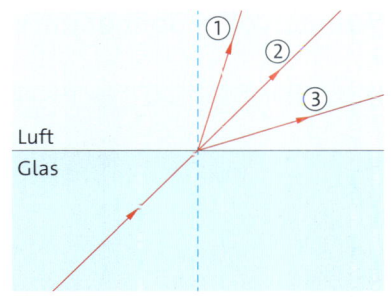

5 Übergang Glas – Luft

die richtigen Lichtstrahlen
ein. Trage außerdem jeweils

den Einfallswinkel und
den Brechungswinkel ein.

Material E

Leuchtendes Wasser
(Demoversuch)

Materialliste: Wanne, Joghurt-
becher (500 ml), durchsichtige
Folie, Kleber, Laserpointer,
Wasser, Nadel, dunkler Raum

Achtung! • Mit dem Laser
nicht in Augen leuchten!
Nicht hineinblicken!

1 Vorbereitung → 6
a Schneide in den Joghurtbecher ein ca. 2 cm × 2 cm
großes Fenster. Klebe über
das Fenster ein Stück Folie.
Die Ränder müssen wasser-
dicht verklebt sein.
b Bohre genau gegenüber
dem Fenster ein ca. 2 mm
großes Loch in den Becher.

2 Durchführung → 7
a Stelle den Joghurtbecher
an eine Tischkante.
b Die Lehrkraft schaltet den
Laserpointer ein und richtet
ihn aus. Das Licht soll genau
durch das Fenster und das
Loch gegenüber fallen.
c Stelle die Wanne auf den
Boden unter den Becher.
d Fülle Wasser in den Becher.
Gehe sicher, dass die Wanne
das Wasser auffängt.
☑ Beobachte den Wasser-
strahl von verschiedenen
Seiten und beschreibe,
was du siehst.

3 ☒ Erkläre deine Beobach-
tung mit den Begriffen
Reflexion, Brechung oder
Totalreflexion.

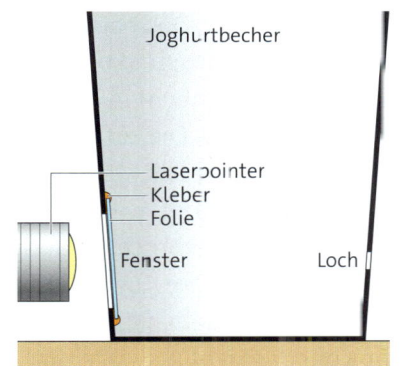

6

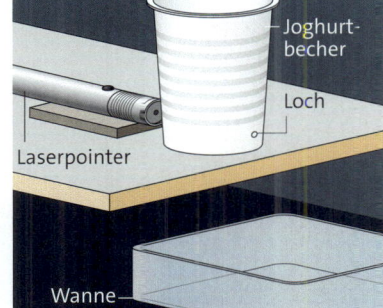

7

Trugbilder durch Brechung

Wundervoller Sonnenuntergang

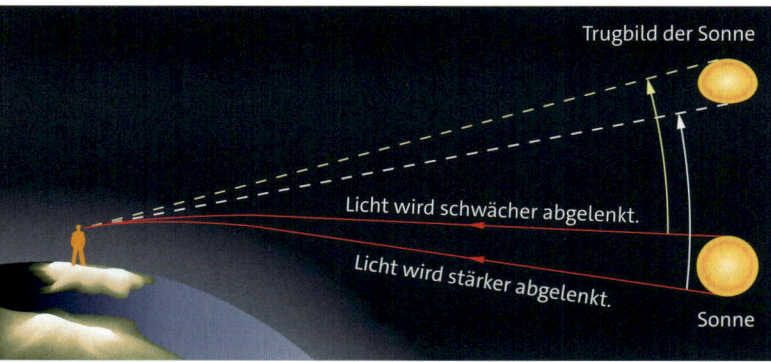

Trugbild der Sonne

Licht wird schwächer abgelenkt.

Licht wird stärker abgelenkt.

Sonne

1 Untergehende Sonne → ▣

2 So entsteht das Trugbild der untergehenden Sonne.

Die Abendsonne ist nicht rund • Beim Sonnenuntergang erscheint uns die Sonne platt gedrückt. → 1 Das hat folgenden Grund: Wir sehen ein Trugbild der Sonne. Es entsteht,
5 weil das Sonnenlicht in der Lufthülle der Erde gebrochen wird. Die Lufthülle wird zur Erdoberfläche hin immer dichter. Wenn das Licht in die Lufthülle eindringt, wird es nach und nach immer stärker gebrochen. Dadurch macht es
10 eine Kurve. Unsere Augen bekommen diese Kurve nicht mit. Wir sehen die Sonne in der Richtung, aus der das Licht ins Auge fällt. → 2 Die Sonne wird scheinbar angehoben. Das Licht vom unteren Rand der Sonne wird stärker gebrochen als

15 das vom oberen Rand. Der untere Rand scheint somit stärker angehoben als der obere. So kommt es zur scheinbaren Abplattung der Sonne.

Der goldene Wal • Die Sonne wird jeden Abend von einem goldenen Wal verschlungen – so
20 erzählt es eine indianische Legende. Tatsächlich scheint an warmen, klaren Sommerabenden eine zweite Sonne aus dem Meer aufzutauchen und mit der echten Sonne zu verschmelzen. → 3
25 Die zweite Sonne ist in Wirklichkeit ein Spiegelbild. Es entsteht durch Totalreflexion. → 4 Die Luftschicht direkt über dem warmen Meer ist viel

3 Die untergehende Sonne spiegelt sich – in der Luft! → ▣

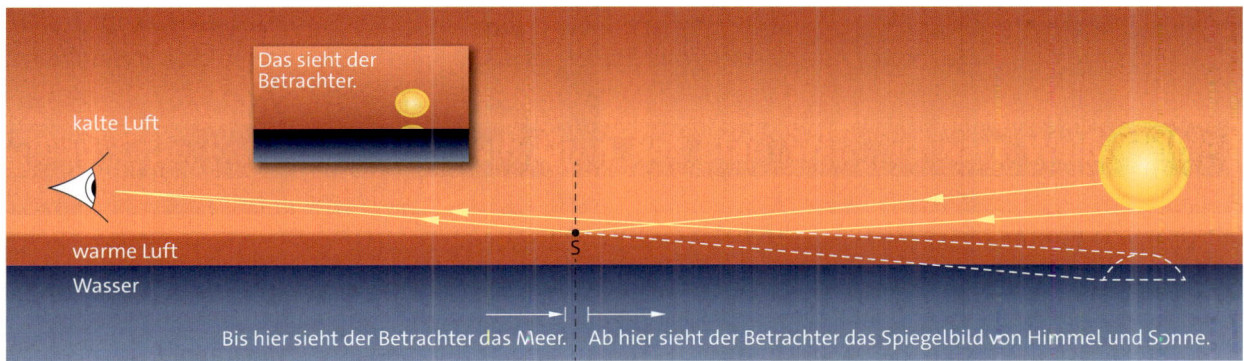

kalte Luft

Das sieht der
Betrachter.

warme Luft

Wasser

Bis hier sieht der Betrachter das Meer. | Ab hier sieht der Betrachter das Spiegelbild von Himmel und Sonne.

4 So entsteht die Luftspiegelung.

wärmer als die Luft weiter oben. Wenn das Licht von der kalten Luft her sehr flach auf die warme
30 Luftschicht trifft, dann wird es vollständig reflektiert. Die Grenze zwischen kalter und warmer Luft wirkt hier wie ein riesiger Spiegel:
• Bis zum Punkt S sieht der Betrachter die Oberfläche des Meers.
35 • Weiter entfernt sieht er ein Spiegelbild des Himmels mit der Sonne. Das Licht von allem, was hinter dem Punkt S ganz flach über dem „Luftspiegel" liegt, wird vollständig reflektiert.
• Das Licht von Gegenständen weiter oben trifft
40 so steil auf die warme Luftschicht, dass es nicht mehr vollständig reflektiert wird.

Aufgaben

1 Die „platte" Sonne ist ein Trugbild. →⬜1
☒ Gib an, ob du den oberen Rand der Sonne zu tief oder ihren unteren Rand zu hoch siehst.

2 Die untergehende Sonne sieht „platt" aus.
☒ Erkläre diese Beobachtung einer anderen Person anhand von Bild 2.

3 Beim Blick über das warme Meer sieht man manchmal merkwürdige „Inseln", die in der Luft zu schweben scheinen. →⬜5
☒ Erkläre, wie die „Inseln" zustande kommen.

5 Was schwebt denn da? → 🔲

Weißes Licht steckt voller Farben

1 Weißes Licht trifft auf ein Prisma aus Glas.

2 Regenbogen

Material zur Erarbeitung: A

Hinter dem Prisma leuchtet ein bunter Streifen auf dem Boden. Die Farben sind wie beim Regenbogen.

Licht wird zerlegt • Licht wird am Prisma gebrochen, ähnlich wie an einer Linse. →3 Dabei wird es zu einem bunten Streifen aufgespreizt. So wird etwas sichtbar, das wir sonst nicht erkennen: Das weiße Licht besteht aus Licht mit ganz vielen verschiedenen Farben. Die Brechung ist je nach Farbe verschieden stark: Rotes Licht wird am schwächsten gebrochen, violettes Licht am stärksten. Dadurch laufen die farbigen Bestandteile des weißen Lichts ab dem Prisma auseinander.

Auch Regentropfen brechen Licht. Sie zerlegen das Sonnenlicht in seine farbigen Bestandteile. Das farbige Licht von vielen Tropfen ergibt den Regenbogen.

Spektrum • Alle farbigen Bestandteile des Lichts nebeneinander bilden sein Spektrum. →4

| Licht wird je nach Farbe unterschiedlich stark gebrochen.

Rot   Orange   Gelb   Grün   Blau   Violett

4 Sichtbares Spektrum des weißen Lichts und Spektralfarben

Aufgaben

1 ⬧ Nenne die Spektralfarben in der richtigen Reihenfolge. →4 Beginne mit der Farbe, die das Prisma am schwächsten bricht.

2 ⬧ Wie kann man zeigen, dass weißes Licht aus farbigem Licht besteht? Beschreibe es.

3 Weißes Licht wird vom Prisma gebrochen und zerlegt.

jiteyi

Lexikon
Tipps
Versuchsvideo

das **Spektrum**
die **Spektralfarben**

Material A →⊡

Weißes Licht geht durch ein Prisma

Materialliste: Optikleuchte mit Sammellinse und Spaltblende, Netzgerät, Prisma, weiße Pappe mit Halterung, Smartphone

Erzeuge mit der Leuchte ein schmales Lichtbündel auf dem Tisch. Stelle das Prisma in den Lichtweg. → 5 6

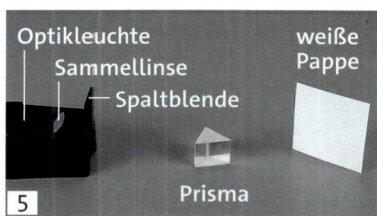

Optikleuchte — weiße Pappe
Sammellinse — Spaltblende
Prisma
5

6

1 Halte die weiße Pappe am Anfang dicht hinter das Prisma in den Lichtweg. → 6 Entferne die Pappe dann langsam. Dabei soll sie weiterhin das Licht auffangen.
▶ Beschreibt und fotografiert, was ihr in den verschiedenen Abständen auf der weißen Pappe beobachtet.

Material B

Weißes Licht trifft auf eine DVD

Materialliste: DVD oder CD, Smartphone, weiße Wand

1 ▶ Halte die spiegelnde Unterseite der DVD in das Sonnenlicht. Beschreibe (und fotografiere) deine Beobachtung.

2 ▶ Wenn euer Unterrichtsraum verdunkelt werden kann, könnt ihr diesen Versuch durchführen: Lasst die Verdunklung bis auf einen kleinen Streifen herunter. Lenkt das Licht mit der DVD auf eine weiße Wand. Beschreibt und fotografiert eure Beobachtungen.

Material C

Rotes Licht geht durch ein Prisma

1 Der Laserstrahl wird nicht zu einem bunten Streifen aufgespreizt. → 7
▶ Erkläre die Beobachtung.

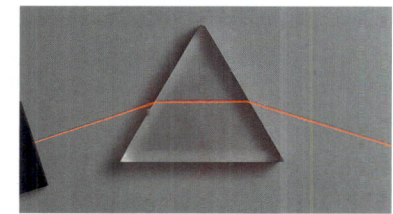

7 Kein „Regenbogenstreifen"?

Material D

Dreimal weißes Licht

1 Drei verschiedene Leuchten mit weißem Licht – ihre Spektren sind aber verschieden. → 8 – 10
a ▶ Vergleiche die Spektren.
b ✉ „Weißes Licht muss nicht aus allen Farben bestehen." Erläutere diese Aussage an einer der Lampen.

8 Spektrum Halogenleuchte

9 Spektrum Energiesparleuchte

10 Spektrum LED-Leuchte

Weißes Licht steckt voller Farben

Die Farben des Regenbogens

1 Hauptregenbogen (unten) und lichtschwächerer Nebenregenbogen (oben) → ▣

Bedingungen für Regenbögen • Du hast wahrscheinlich schon häufig einen farbenfrohen Regenbogen am Himmel bewundert. Einen Regenbogen kannst du sehen, wenn hinter dir
5 die Sonne scheint und du in die Richtung einer Regenwand blickst.

Wie entsteht ein Regenbogen? Zur Klärung dieser Frage musst du Regentropfen betrachten, auf die Sonnenlicht trifft.

10 **Lichtzerlegung im Regentropfen** • Wenn das Sonnenlicht in den oberen Teil einen Regentropfens eintritt, dann wird es an der Grenzfläche zwischen der Luft und dem Wasser gebrochen.
→ 2 Dabei wird das Licht in seine farbigen
15 Bestandteile zerlegt (1). Auf der Rückseite des Tropfens wird das Licht total reflektiert (2). Wenn das Licht unten wieder aus dem Tropfen austritt, dann wird es an der Grenzfläche zwischen dem

Wasser und der Luft erneut gebrochen (3). Je nach
20 Farbe wird das Licht beim Austritt aus dem Tropfen unterschiedlich stark abgelenkt. So beträgt der Winkel zwischen dem eintretenden Licht und dem austretenden violetten Licht 41°. Unter diesem Winkel wird besonders viel violettes Licht auf
25 der Tropfenrückseite reflektiert. Für rotes Licht ist dieser Winkel 42,5° groß.

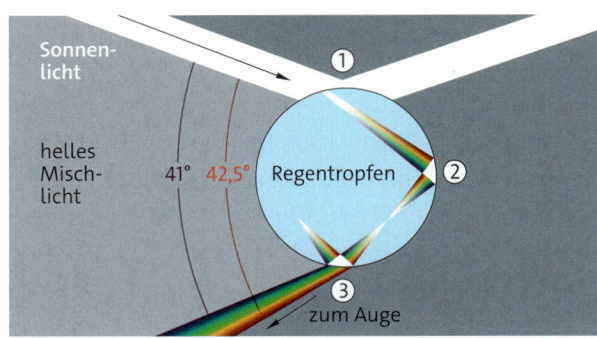

2 Hauptregenbogen: Licht wird im Tropfen zerlegt.

zevido

Lexikon
Tipps
Videos

der **Hauptregenbogen**
der **Nebenregenbogen**

Nebenregenbogen • Manchmal erscheint über dem Hauptregenbogen noch ein lichtschwächerer Nebenregenbogen. → 1 Die Reihenfolge der
30 Farben ist bei ihm genau umgekehrt zum Hauptregenbogen. Der Nebenregenbogen entsteht, wenn Licht in den unteren Teil des Tropfens eintritt, gebrochen und in seine farbigen Bestandteile zerlegt wird. → 3 Danach wird das Licht
35 im Tropfen zweimal total reflektiert und beim Austritt oben aus dem Tropfen gebrochen.

Bogenform • In unsere Augen gelangt gleichzeitig Licht nicht nur aus einem, sondern aus vielen verschiedenen Tropfen. → 4 Beim Hauptregen
40 bogen sehen wir von höher gelegenen Tropfen rotes Licht und von tiefer gelegenen Tropfen violettes Licht. Alle Tropfen, die in einem Moment Licht einer bestimmten Farbe in unser Auge senden, liegen auf einem Kreis. Der rote Kreis ist
45 am größten und liegt außen, der violette Kreis liegt ganz innen. Alle Farben zusammen bilden einen „Regenkreis". Mit etwas Glück kannst du ihn aus einem Flugzeug beobachten. → 5 Auf der Erde sehen wir nur einen Teil eines
50 Kreises: den Regenbogen.

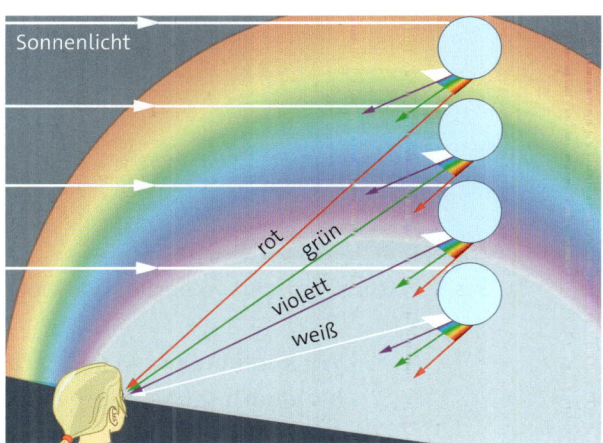

4 Aus jedem Tropfen tritt farbiges Licht aus.

5 „Regenkreis" und Flugzeugschatten → ▣

Aufgaben

1 ☒ Gib an, in welche Richtung du blicken musst, um einen Regenbogen zu sehen.

2 ☒ Beschreibe, wie das Sonnenlicht durch den Regentropfen verläuft → 2

3 ☒ Erkläre, warum die Reihenfolge der Farben beim Nebenregenbogen vertauscht ist.

4 ☒ „Jede Person sieht einen eigenen Regenbogen." Begründe die Aussage.

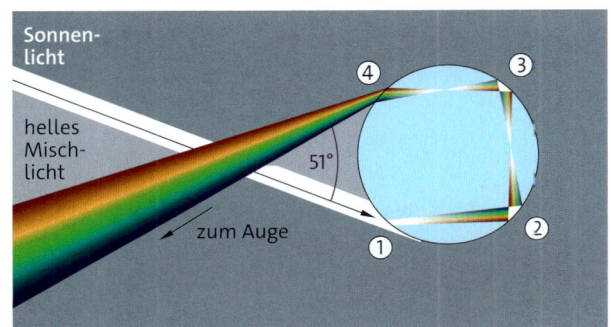

3 Nebenregenbogen

Infrarot und Ultraviolett

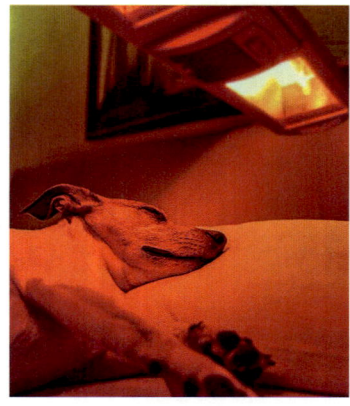  

1 – 3 Das Spektrum des Lichts ist bei Rot und Violett nicht zu Ende.

Wir können Licht in den Farben von Rot bis Violett sehen. Diese Farben sind im Sonnenlicht enthalten. Das Sonnenlicht enthält aber noch mehr: Wir können
5 **dieses Licht zwar nicht sehen, aber unsere Haut reagiert darauf.**

Infrarotes Licht (IR) • Von der Sonne erreicht uns unsichtbares Licht, das wir mit dem Wärmesinn der Haut spüren.
10 Dieses wärmende Licht liegt im Spektrum der Sonne vor dem roten Licht. → 4 Man nennt es infrarotes Licht (lat. infra: unterhalb von). Auch eine Rotlichtlampe strahlt viel
15 infrarotes Licht ab und erwärmt dadurch unsere Haut. → 1

Ultraviolettes Licht (UV) • Im Sonnenlicht ist weiteres unsichtbares Licht enthalten. Es ruft auf unserer Haut
20 rasch einen Sonnenbrand hervor. → 3

Dieses Licht schließt sich im Spektrum an das violette Licht an. → 4 Man nennt es ultraviolettes Licht (lat. ultra: darüber hinaus). Obwohl das ultra-
25 violette Licht für uns Menschen nicht sichtbar ist, kann es die Augen schädigen. Daher sollte man bei grellem Sonnenlicht immer eine Sonnenbrille tragen. Die Haut kann man mit licht-
30 undurchlässiger Kleidung und Sonnencreme schützen.

> Das Sonnenlicht enthält infrarotes Licht und ultraviolettes Licht, die beide für uns unsichtbar sind. IR-Licht erwärmt unsere Haut, UV-Licht bräunt sie. UV-Licht kann Haut und Augen schädigen.

Aufgaben

1 ▸ Nenne die unsichtbaren Bestandteile der Sonnenstrahlung.

2 ▸ Nenne Eigenschaften von infrarotem und von ultraviolettem Licht.

Infrarot   Rot   Orange   Gelb   Grün   Blau   Violett   Ultraviolett

4 Spektrum der Sonnenstrahlung – sichtbar und unsichtbar

tuzoyu

Lexikon
Tipps
Erklärvideo

das **infrarote** Licht
(die **IR-Strahlung**)
das **ultraviolette** Licht
(die **UV-Strahlung**)

Material A

Infrarot nachweisen

Materialliste: Fernbedienung
(infrarot), Smartphone

1 Dunkelt den Raum ab.
Eine Person zielt mit der
Fernbedienung auf euch
und drückt eine Taste. Dabei

fotografiert oder filmt ihr
die Fernbedienung.
⊠ Beschreibt und erklärt
eure Beobachtung.

Material B

Sonnenschutz

1 Zu viel UV-Strahlung kann
deine Haut schädigen. Die
Eigenschutzzeit gibt an, wie
lange du in der starken Mit-
tagssonne „von Natur aus"
geschützt bist. Sie hängt
vom Hauttyp ab. → 5

a ⊠ Bestimme deinen Haut-
typ und die Eigenschutzzeit.
b ⊠ Gib an, welchen Lichtschutzfaktor deine Sonnencreme haben sollte.

c Lichtschutzfaktor 10 bedeutet: Mit dieser Sonnencreme
bist du 10-mal so lange
geschützt wie ohne.
⊠ Berechne, wie lange du
mit deiner Sonnencreme
geschützt bist.

Hauttyp 1
- sehr helle Haut, Sommersprossen, helle Augen, rotblondes Haar
- keine Bräunung, in kürzester Zeit Sonnenbrand
- Eigenschutzzeit: unter 10 min
- Lichtschutzfaktor: 35 und mehr

Hauttyp 2
- helle Haut, helle Augen, blonde oder braune Haare, oft Sommersprossen
- langsame Bräunung, häufig Sonnenbrand
- Eigenschutzzeit: 10–20 min
- Lichtschutzfaktor: 25 und mehr

Hauttyp 3
- mittlere Hautfarbe, helle bis dunkle Augen, dunkelblondes oder braunes Haar
- langsame Bräunung, manchmal Sonnenbrand
- Eigenschutzzeit: 20–30 min
- Lichtschutzfaktor: 20 und mehr

Hauttyp 4
- bräunliche oder olivfarbene Haut, braune Augen, dunkles Haar
- schnelle Bräunung, selten Sonnenbrand
- Eigenschutzzeit: 30–45 min
- Lichtschutzfaktor: 15 und mehr

Hauttyp 5
- braune Haut, schwarze Augen, schwarzes Haar
- schnelle Bräunung bis dunkelbraun, selten Sonnenbrand
- Eigenschutzzeit: rund 90 min
- Lichtschutzfaktor: 10 und mehr

Hauttyp 6
- dunkelbraune bis schwarze Haut, schwarze Augen, schwarzes Haar
- wenig empfindliche Haut, sehr selten Sonnenbrand
- Eigenschutzzeit: mehr als 90 min
- Lichtschutzfaktor: 5 und mehr

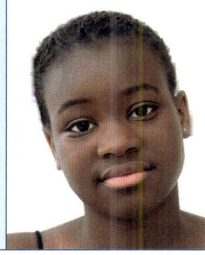

5 Hauttypen und Eigenschutzzeiten

Farben überall

1 Leuchtendes Gelb = gelbes Licht?

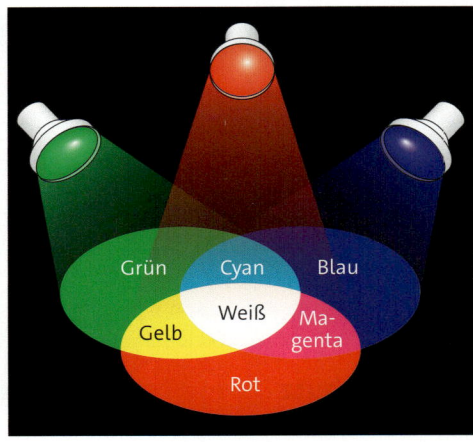

4 Farbiges Licht auf einer Fläche

Materialien zur
Erarbeitung: A, B, D

Im Display des Smartphones leuchten winzige Lämpchen – aber nur in den Farben Rot, Grün und Blau!

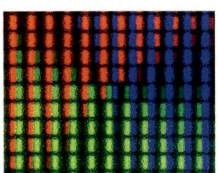

2 Bunte Leucht-
streifen

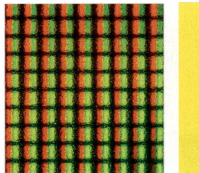

3 Rot + Grün:
Farbeindruck Gelb

Farben auf dem Display • Im Mikroskop
5 sieht man auf dem Display des Smartphones bunte Leuchtstreifen. → 2
Gelbe Streifen gibt es nicht. Dort, wo
die gelbe Tasse auf dem Display zu
sehen ist, leuchten rote und grüne
10 Streifen. → 3 Sie sind winzig und
liegen so dicht zusammen, dass unser
Auge benachbarte Streifen ohne das
Mikroskop nicht getrennt wahrnimmt.
Rotes Licht und grünes Licht „mischen"
15 sich und ergeben für uns den Farbeindruck Gelb.
Millionen weiterer Farbeindrücke entstehen, indem man die roten, grünen
und blauen Streifen auf dem Display
20 verschieden hell leuchten lässt.

> Wenn sich verschiedenfarbiges
> Licht mischt, entstehen neue
> Farbeindrücke. Wir sprechen von
> Farbaddition.

25 **Farbaddition** • Auf eine Wand treffen
rotes, grünes und blaues Licht. → 4
Die Farbaddition ergibt:
• Rot + Grün = Gelb
• Rot + Blau = Magenta
30 • Grün + Blau = Cyan
• Rot + Grün + Blau = Weiß
Je mehr Licht dazukommt, desto heller
erscheint der Bereich der Fläche.
Leuchtstofflampen geben rotes, grünes
35 und blaues Licht ab. → 5 Die Farb-
addition ergibt den Farbeindruck Weiß.
Das Licht von der Sonne oder von
Glühlampen enthält alle Farben. Die
Farbaddition ergibt ebenfalls Weiß.

5 Spektrum einer Leuchtstofflampe

40 **Körperfarben** • Der gelbe Farbeindruck
der Tasse entsteht anders als der gelbe
Farbeindruck beim Display. Das weiße
Licht der Umgebung ist aus vielen
Farben zusammengesetzt. Wenn es
45 auf die Tasse trifft, wird ein Teil des

yuwodi

Lexikon
Tipps
Simulationen

der **Farbeindruck**
die **Farbaddition**
die **Körperfarben**
die **Farbsubtraktion**

Lichts von der Oberfläche der Tasse „verschluckt" (absorbiert). Das nennt man Farbsubtraktion. Der andere Teil des weißen Lichts wird von der Tasse

50 gestreut:

- Die gelbe Tasse absorbiert blaues und violettes Licht. Sie streut gelbes, rotes und grünes Licht. → 6 Das rote und grüne Streulicht mischt sich
55 mit dem gestreuten gelben Licht zum Farbeindruck Gelb.
- Eine rote Tasse streut nur rotes Licht und absorbiert alle anderen Farben des Lichts. → 7
60 - Weiße Gegenstände streuen fast das gesamte einfallende Licht. → 8
- Schwarze Gegenstände streuen fast kein Licht und absorbieren nahezu alle Farben. → 9

> Farbige Gegenstände absorbieren einige Farben des weißen Lichts. Dies nennt man Farbsubtraktion. Das restliche Licht wird gestreut. Das gestreute Licht ergibt zusammen den Farbeindruck des Gegenstands.

Gegenstände im farbigen Licht • Wenn Gegenstände mit farbigem Licht angestrahlt werden, dann erscheinen sie

75 häufig in einer anderen Farbe. Farbiges Licht beinhaltet nur einen Teil des Farbenspektrums. Wird eine gelbe Tasse mit blauem Licht angestrahlt, so erscheint sie fast schwarz, weil das

80 blaue Licht von der Oberfläche absorbiert wird. → 10 Da andere Lichtanteile nicht vorhanden sind, trifft kaum Licht in unser Auge.

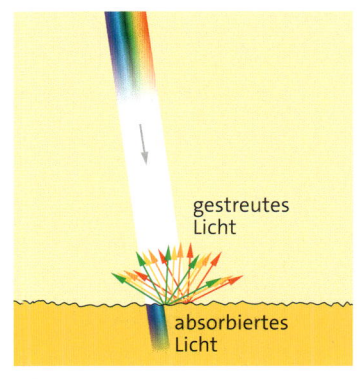

6 | Gelbe Tasse

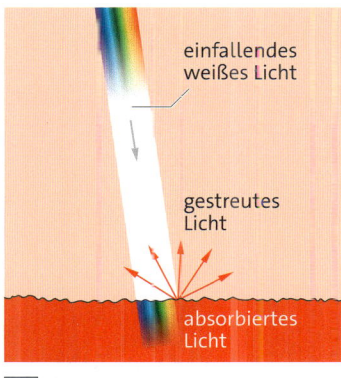

7 | Rote Tasse

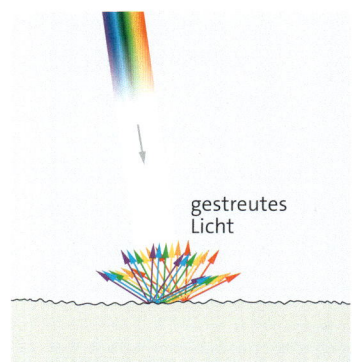

8 | Weiße Oberfläche

9 | Schwarze Oberfläche

Aufgaben

1 ⬧ Nenne die Farben der Leuchtstreifen im Display eines Smartphones.

2 ⬧ Gib an, wie die Farbeindrücke Magenta und Cyan entstehen. → 4

3 ⬧ Beschreibe, was mit weißem Licht geschieht, das auf eine rote Tomate fällt.

4 ⬧ Erkläre, welcher Farbeindruck entsteht, wenn eine gelbe Tasse mit rotem Licht angestrahlt wird.

10 | Gelbe Tasse unter weißem und unter blauem Licht

Farben überall

Material A

Display „unter der Lupe"

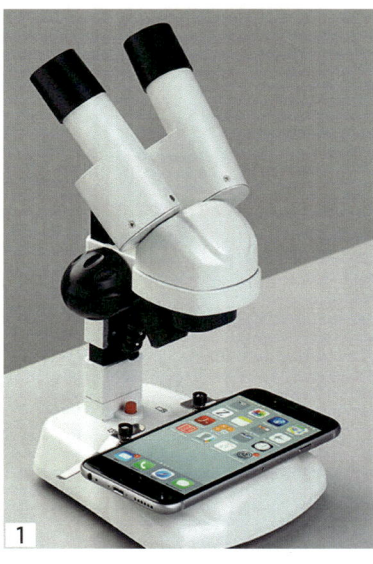
1

Materialliste: Smartphone, Stereomikroskop

1 ▶ Betrachte das leuchtende Display deines Smartphones mit dem Stereomikroskop. → 1
a Stelle auf dem Display ein Bild mit großen weißen Stellen ein. Untersuche die weißen Stellen mit dem Stereomikroskop. Skizziere deine Beobachtung.
b Untersuche auch farbige Stellen auf dem Display. Skizziere wieder.

Material B

Farben auf der Wand

Materialliste: Taschenlampen oder Strahler mit rotem, blauem und grünem Licht

1 ▶ Richte die Lampen auf eine weiße Wand (oder auf den Tisch). Ihre Lichtflecke sollen sich überlappen.
a Beobachte die Farben auf der Wand genau. Gib an, wie du die „neuen" Farben erzeugst.
b Erzeuge einen weißen Lichtfleck. Beschreibe, wie du vorgehst.

Material C → ▣

Newtons Versuch zur Farbaddition

Materialliste: Optikleuchte mit Sammellinse und Spaltblende, Netzgerät, Prisma, flache Sammellinse, weiße Pappe mit Halterung, Pappstreifen

1 ☒ Erzeuge mit dem Prisma ein Spektrum auf der weißen Pappe. → 2 Führe das Licht mit der flachen Sammellinse nur unten auf der Pappe zusammen. → 3 Beschreibe und erkläre, was du auf der weißen Pappe beobachtest.

2 ☒ Der rote und der gelbe Lichtstreifen soll kurz vor der Sammellinse mit dem Pappstreifen blockiert werden. Vermute, was dann auf der weißen Pappe zu sehen sein wird. Begründe deine Vermutung und überprüfe sie.

2

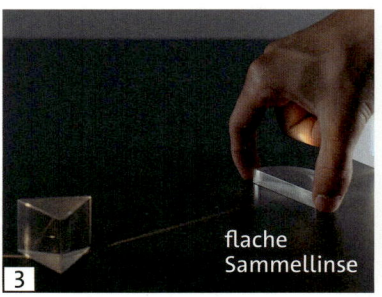
flache Sammellinse
3

Material D

Farbiges Papier in weißem Licht

4 Welche Farbe ist auf dem weißen Blatt zu sehen?

Ist weißes Licht noch weiß, nachdem es von farbigem Papier gestreut wurde?

Materialliste: weißes Blatt Papier (dick); verschiedene farbige Blätter Papier (dick); Experimentierlampe oder Taschenlampe

1 Stelle das weiße Papier und ein farbiges Papier „über Eck" auf. → **4** Lass nun

weißes Licht schräg auf das farbige Papier fallen. Leuchte nahe in die Ecke.

a ☒ Beschreibe, welche Farbe du auf dem weißen Papier siehst.

b ☒ Tausche das farbige Papier aus. Beschreibe wieder deine Beobachtung.

c ☒ Erkläre, was das farbige Papier mit dem weißen Licht macht. Benutze die Wörter „streut" und „absorbiert".

Material E

Farbige Gegenstände in farbigem Licht

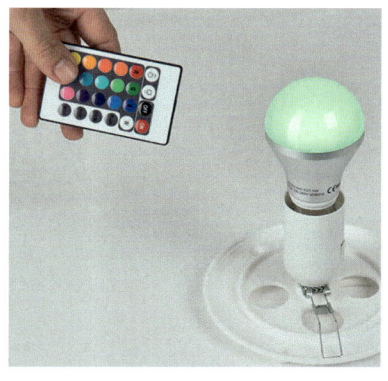

5 RGB-LED-Lampe

Materialliste: farbige Gegenstände, RGB-LED-Lampe (oder Handy mit RGB-Farb-App) → **5**

1 Die Lampe (oder die Farb-App) mischt farbiges Licht aus den Farben Rot, Grün und Blau. Der Farbeindruck Gelb entsteht also aus der Mischung von rotem und grünem Licht.

a ☒ Gib an, ob es sich um eine Farbaddition oder eine Farbsubtraktion handelt.

b ☒ Welche Farben haben die Gegenstände in weißem Licht? Trage sie in die Tabelle ein (erste Spalte). → **6**

c ☒ Die farbigen Gegenstände sollen gleich mit farbigem Licht beleuchtet werden. Vermute, in welcher Farbe sie erscheinen werden. Trage deine Vermutungen ebenfalls in die Tabelle ein (zweite und dritte Spalte).

d ☒ Überprüft die Vermutungen im dunklen Raum.

Farbeindruck des Gegenstands in weißem Licht	Farbeindruck des Lampenlichts	Vermutung: Farbeindruck des Gegenstands im Lampenlicht	Beobachtung: Farbeindruck des Gegenstands im Lampenlicht
Rot	Gelb	?	?
?	?	?	?

6 Farbeindrücke

Spiegel, Trugbilder, farbiges Licht

Zusammenfassung

Spieglein, Spieglein ... • Glatte Oberflächen lenken das Licht gerichtet um. Wir sprechen von Reflexion. Am Spiegel gilt das Reflexionsgesetz. → 1

Spiegelbilder entstehen durch Reflexion des Lichts. → 2 Wir sehen das Trugbild in der Richtung, aus der das reflektierte Licht ins Auge fällt. Vom Trugbild geht kein Licht aus.

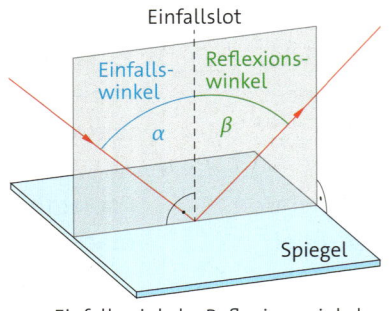

1 Das Reflexionsgesetz

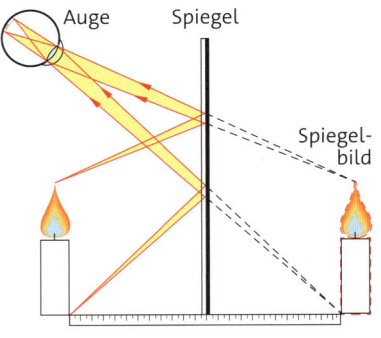

2 Ein Spiegelbild entsteht.

Trugbilder durch Brechung • Licht wird gebrochen, wenn es von einem Stoff schräg in einen anderen übergeht. → 3 4 Gegenstände unter Wasser sehen wir scheinbar angehoben. Wir sehen das

Trugbild in der Richtung, aus der das gebrochene Licht ins Auge fällt. → 5
Beim Übergang aus Wasser oder Glas in die Luft kann es zur Totalreflexion kommen. → 6 7

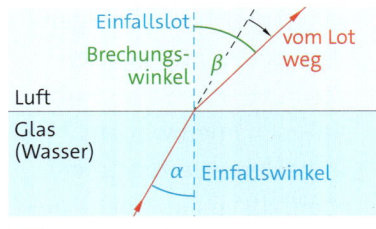

3 Brechung: Glas – Luft

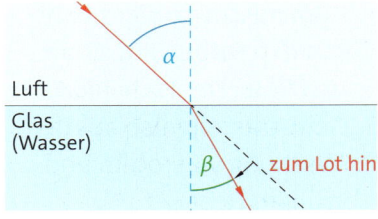

4 Brechung: Luft – Glas

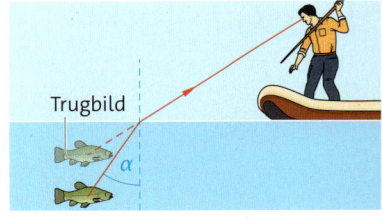

5 Optische Hebung

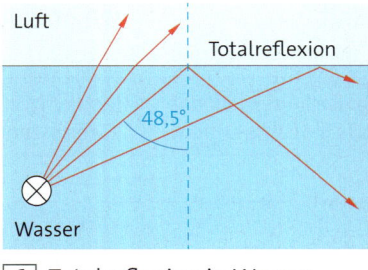

6 Totalreflexion in Wasser

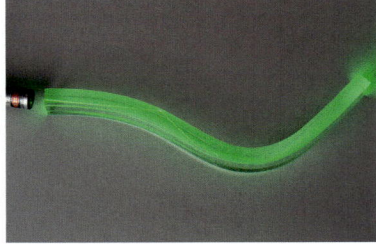

7 Totalreflexion in Glas

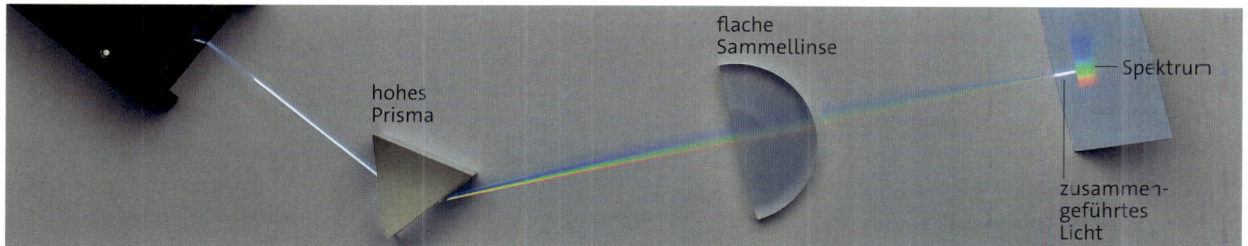

8 Weißes Licht wird vom Prisma aufgetrennt und von der Sammellinse wieder zusammengeführt.

Weißes Licht steckt voller Farben · Weißes Licht kann mit dem Prisma in viele Farben zerlegt werden. → 8 9 Diese Farben lassen sich mit der Sammellinse wieder zu weißem Licht zusammenführen. → 8

Infrarot und ultraviolett · Das Sonnenlicht enthält zwei Anteile, die für uns unsichtbar sind:
- Infrarotes Licht erwärmt die Haut.
- Ultraviolettes Licht bräunt die Haut. UV-Licht kann Haut und Augen schädigen.

Infrarot	Rot		Orange		Gelb		Grün		Blau	Violett	Ultraviolett

9 Spektrum des Sonnenlichts mit sichtbaren und unsichtbaren Anteilen

Farben überall – Farbaddition · Wenn sich Licht verschiedener Farben mischt, dann entstehen für uns neue Farbeindrücke. Je mehr farbiges Licht dazukommt, desto heller ist das Mischlicht. Displays erzeugen alle Farbeindrücke mit rotem, grünem und blauem Licht (RGB) in unterschiedlichen Helligkeiten. → 10

Farben überall – Farbsubtraktion · Ein farbiger Gegenstand absorbiert einige Farben des weißen Lichts und streut die anderen. Die Farben des Streulichts mischen sich zum Farbeindruck des Gegenstands.
Mit Cyan, Magenta, Gelb und Schwarz (CMYK) erzeugen Drucker alle Farbeindrücke. → 11

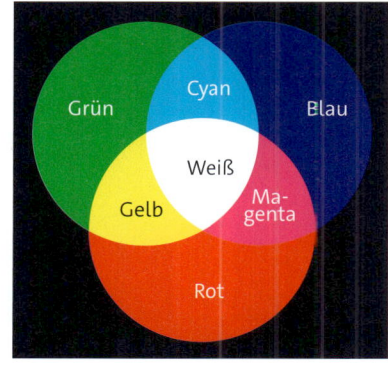

10 Farbaddition von farbigem Licht

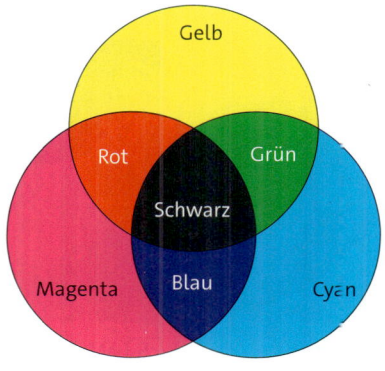

11 Farbsubtraktion von weißem Licht

Spiegel, Trugbilder, farbiges Licht

Teste dich!

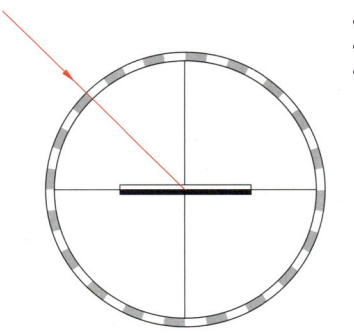

•A
•B
•C

1 Reflexion am Spiegel

2 Labyrinth aus Spiegeln

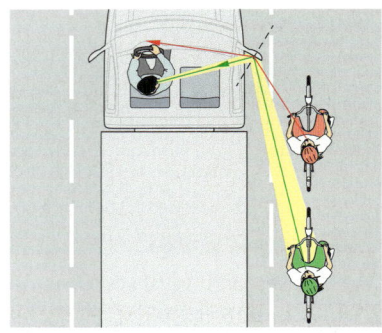

3 Der „tote Winkel"

Spieglein, Spieglein …

1 ◻ Licht fällt auf einen Spiegel. → 1 Gib an, auf welchen Punkt (A, B oder C) das Licht reflektiert wird. Begründe deine Antwort.

2 ◻ Im Kasten sind mehrere Spiegel. → 2 Gib an, welchen Gegenstand (Auto, Blume oder Kerze) das Mädchen sieht. Begründe.

3 ◻ Erkläre, wieso der Lkw-Fahrer den grün gekleideten Radfahrer sieht, den rot gekleideten Radfahrer im „toten Winkel" aber nicht. → 3

4 ◻ Schreibe deinen Namen auf ein Blatt Papier. Betrachte die Schrift im Spiegel. Erkläre deine Beobachtung.

Trugbilder durch Brechung

5 Der Taucher will seinem Freund auf dem Boot ein Lichtsignal geben. → 4
a ◻ Gib an, welcher Lichtstrahl in das Auge des Freunds gelangt.
b ◻ Begründe deine Antwort.

6 ◻ Auf welchen Punkt muss der Fischer mit dem Speer zielen, um den Fisch zu treffen? → 5 Begründe deine Antwort.

7 ◻ Hat der Strohhalm einen „Knick"? → 6 Erkläre die Beobachtung mit einer Zeichnung.

8 ◻ Erkläre, wie Licht in Glasfaserkabeln über lange Strecken transportiert werden kann.

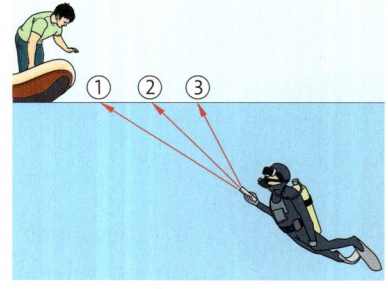

4 Nur ein Lichtstrahl trifft.

5 Wohin zielen?

6 Knick im Strohhalm?

Weißes Licht steckt voller Farben

9 Das Prisma aus Glas wird mit weißem Licht beleuchtet. → 7

a ☑ Erkläre den „Knick" im Licht.

b ☒ Erkläre, wie es zu dem bunten Streifen auf dem Tisch kommt.

7 Brechung am Prisma

8 Wie entstehen die Farben?

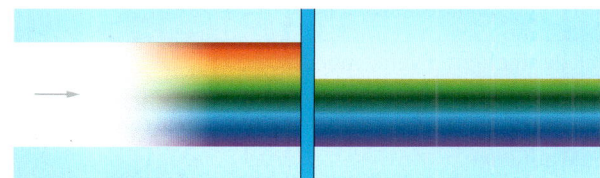

9 Cyanfilter

10 „Bei der Entstehung des Hauptregenbogens wird Sonnenlicht in Regentropfen einmal gebrochen und zweimal total reflektiert."
☒ Stimmt die Aussage? Begründe deine Antwort mithilfe einer Skizze.

Infrarot und ultraviolett

11 ☑ Gib an, wie infrarotes Licht und ultraviolettes Licht jeweils auf unsere Haut wirken.

Farben überall

12 Sind die Farben auf dem Display und auf dem bedruckten Blatt Papier gleich? → 8
☑ Nenne die Grundfarben:

a beim Display

b beim Drucker

13 ☒ Von den folgenden Sätzen sind einige richtig und einige falsch:
- Das Spektrum von weißem Licht sieht immer gleich aus.
- Bei der Farbaddition kann man aus Rot, Grün und Blau alle anderen Farben mischen.
- Ein Drucker besitzt die Farbpatronen Rot, Grün und Blau.
- Je mehr Farben man bei der Farbaddition mischt, desto heller wird das Mischlicht.
- Je mehr Farben man bei der Farbsubtraktion absorbiert, desto heller wird das Mischlicht.

a Schreibe die richtigen Sätze in dein Heft.

b Berichtige die falschen Sätze.

14 ☒ Weißes Licht fällt durch einen Cyanfilter auf eine rote Blüte. → 9 Beschreibe und erkläre, in welcher Farbe wir die Blüte sehen.

Anhang

Operatoren

Die meisten Aufgaben in diesem Heft beginnen mit einem Verb:
- **Nenne** drei Dinge, die für ein Schattenbild erforderlich sind.
- **Beschreibe,** wie sich das Bild der Flamme verändert.
- **Erkläre,** wie das Bild des Wals im Auge des Nautilus entsteht.
- **Erläutere** die Begriffe Schatten und Schattenbild.
- **Skizziere,** wie ein großes Schattenbild des Stifts entsteht.
- **Untersuche,** welche Linse den kleinsten Lichtfleck erzeugt.
- **Nimm Stellung** zu der Aussage: „Ohne das Auge gäbe es gar kein Spiegelbild der Kerze."

1

Diese Verben geben an, was du tun sollst. Sie werden auch Operatoren genannt. → 2

Operator	Das sollst du tun:
Nenne Gib an	Notiere Namen oder Begriffe. Verwende Fachwörter.
Beschreibe	Formuliere etwas so genau und ausführlich mit Fachwörtern, dass ein anderer es sich gut vorstellen kann.
Erkläre	Verstehe, wie etwas funktioniert oder aufgebaut ist. Führe die Funktionsweise und den Aufbau auf Regeln und Gesetze zurück.
Begründe	Gib die wichtigen Gründe oder Ursachen an.
Erläutere	Erkläre ausführlich anhand von einem oder mehreren Beispielen.
Vergleiche	Stelle Gemeinsamkeiten und Unterschiede zum Beispiel in einer Tabelle dar.
Skizziere	Fertige ein ganz einfaches Bild an, das auf den ersten Blick verständlich ist.
Zeichne	Gib dir Mühe, ein genaues und vollständiges Bild anzufertigen.
Berechne	Stelle den Rechenweg dar und gib das Ergebnis an.
Ermittle Bestimme	Komme durch eine Rechnung, eine Zeichnung oder einen Versuch zu einem Ergebnis.
Untersuche	Erforsche einen Zusammenhang mit einem oder mehreren Versuchen. Mache dir vorher einen Plan. Führe Protokoll.
Nimm Stellung Bewerte	Entscheide dich, ob du einer Aussage zustimmst oder sie ablehnst. Begründe dann deine Entscheidung. Führe sie auf Regeln und Gesetze zurück.

2 Operatoren im Physikunterricht und ihre Bedeutung

Stichwortverzeichnis

Bildquellenverzeichnis

Cover
Cornelsen Experimenta: Roter Koffer; VDL: Origami Vogel; Volker Minkus: farbige Schatten | **stock.adobe.com** ckybe: Smartphone

Fotos
akg-images PHOTO CNES: 19/7 | **ClipDealer** Pregizer: 31/7 | **Colourbox** 9/6 | **Cornelsen** Jochim Lichtenberger: 22/2, 23/6, 35/7, 58/3, 59/5; Markus GAA: 23/5, 34/1, 37, 54/3l., 61/7, 68/1, 71/8; Markus GAA Fotodesign: 5/l., 10/2+3, 13/4, 14/1, 15/7, 31/4, 47/8+9, 54/2l.; Sven Theis: 29/4, 30/1+2; Thomas Gattermann: 19/5, 28/1, 32/1, 68/2+3; Volker Döring: 14/2 (Rainer Götze: Beschriftung), 15/6, 26/3, 28/2, 49/r., 51/3, 56/2, 60/1, 73/7; Volker Minkus: 15/5, 30/Kamera, 32/2+3, 42/3, 46/4+5, 52/5, 54/1+o.r., 56/3, 67/gelbe Tasse, 67/u.r., 72/6; Werner Schulz-Heidorf, Teltow: 69/5 | **dpa Picture-Alliance** Bünning, Blaschke, Derpmann: 26/1; Mirko Derpmann: 26/2 | **F1online** Jochen Tack: 9/5 | **Fruhmann GmbH NTL, Bad Mergentheim** 40/3+4 | **Imago Stock & People GmbH** Leemage: 5/r., Science Photo Library: 64/3 | **interfoto e.k.** CLICKALPS/Stefano Caldera: 16/1 | **mauritius images** alamy stock photo/Alex Ramsay: 63/5; alamy stock photo/blickwinkel: 19/6; alamy stock photo/Lawren Lu: 10/1; alamy stock photo/Luis Baneres: 25/l.; Alamy/KHALED KASSEM: 3/o., 4; Chromorange: 3/u., 36/1, 48; Detlev van Ravenswaay: 18/2; Fritz Pölking: 58/1; Klaus Scholz: 60/2;

Markus Hertrich: 50/1; Science Faction/Ed Darack: 18/1; Science Source: 70/7; Yva Momatiuk & John Eastcott/Minden Pictures: 49/l. | **PEFC Deutschland e.V.** 2/u. | **Shutterstock.com** air009: 3/m., 24; AstroStar: 17/3; Chichkovskaia Tatiana: 62/1; life-literacy: 41/8; Lisa A: 66/1; Marco Barone: 6/1 | **stock.adobe.com** Alexandre Nunes: 65/5; Andrey Burmakin: 8/4; Andrey Korshenkov.: 25/r.; Craig Lambert Photography: 28/3 (Wal); Daniel Berkmann: 74/o.r.; DiversityStudio: 65/6; euthymia: 11/m.r., 56/Warnzeichen, 57/Warnzeichen; Fiedels: 42/1; Javier brosch: 64/1; Jörg Hackemann: 65/3; J.W.Alker/imageBROKER: 28/3 Nautilus (Grafik: Cornelsen/Rainer Götze); LVDESIGN: 22/1; Maksym Yemelyanov: 73/8; Max Topchii: 65/2; michaeljung: 65/1; Phanthit Malisuwan. All Rights Reserved./phanthit malisuwan: 66/2+3; Scott Griessel: 65/4; Sergey Novikov: 13/7

Grafiken
Cornelsen Laura Carleton: 12/1, 41/7; Matthias Pflügner: 43/5+6, 53/7+8; Rainer Götze: 6/2+3, 7, 8/1+3, 10/4, 11/5–7, 12/2+3, 13/5+6, 14/3, 15/4, 16/2, 17/5, 18/3+4, 20, 21, 22/3, 23/4, 27, 29/5, 30/3, 31/5+6+8, 34/5, 35/6, 36/2+3, 38, 39, 40/2, 42/2, 43/7+8, 44, 45, 46/1–3, 47/6, 50/2, 51/4, 52/4, 53/6, 54/2r.+3r., 55, 56/1, 57, 58/2, 59/4, 60/3+4, 61/u.r., 62/2+3, 63/4, 64/2+4, 66/4+5, 67/6–9, 69/4, 70/Illustrationen, 71/9–11, 72/1–5, 73/9